国家林业和草原局普通高等教育"十四五"规划教材

树木分子生理研究技术

沈锦波　袁虎威　郑炳松　主编

内容简介

《树木分子生理研究技术》是以介绍树木分子和生理研究技术为主的专业性实验教材。本教材由长期从事林学、植物生理学、经济林、森林培育学和分子生物学理论和实验教学的教师共同编写,内容涵盖树木细胞生理、代谢生理、生长发育生理、逆境生理和分子生物学等方面的树木分子生理研究技术,适合高等院校、科研院所从事生物学、林学、生态学等相关专业的教师、本科生、研究生及工作人员参考。

图书在版编目(CIP)数据

树木分子生理研究技术 / 沈锦波, 袁虎威, 郑炳松主编. -- 北京:中国林业出版社, 2024.3. -- (国家林业和草原局普通高等教育"十四五"规划教材). ISBN 978-7-5219-2761-0

Ⅰ. S718.4

中国国家版本馆 CIP 数据核字第 20244QS420 号

责任编辑:高红岩　王奕丹
责任校对:苏　梅
封面设计:睿思视觉视界设计

出版发行:中国林业出版社
　　　　　(100009,北京市西城区刘海胡同7号,电话83223120)
电子邮箱:jiaocaipublic@163.com
网　　址:https://www.cfph.net
印　　刷:北京中科印刷有限公司
版　　次:2024年3月第1版
印　　次:2024年3月第1次印刷
开　　本:787mm×1092mm　1/16
印　　张:10.75
字　　数:265千字
定　　价:42.00元

《树木分子生理研究技术》编写人员

主　编： 沈锦波　袁虎威　郑炳松

副主编： 王晓飞　崔富强　沈晨佳　张爱琴　杨　丽
　　　　　何　漪　郭海朋

编写人员：（按姓氏笔画排序）
　　　　　　王世伟（新疆农业大学）
　　　　　　王晓飞（浙江农林大学）
　　　　　　刘玉林（西北农林科技大学）
　　　　　　杨　丽（浙大宁波理工学院）
　　　　　　何　茜（华南农业大学）
　　　　　　何　漪（浙江农林大学）
　　　　　　邹　锋（中南林业科技大学）
　　　　　　沈晨佳（杭州师范大学）
　　　　　　沈锦波（浙江农林大学）
　　　　　　宋希强（海南大学）
　　　　　　张爱琴（东北林业大学）
　　　　　　陈　苗（广东海洋大学）
　　　　　　陈　勇（南京森林警察学院）
　　　　　　郑炳松（浙江农林大学）
　　　　　　郝明灼（南京林业大学）
　　　　　　胡君艳（浙江农林大学）
　　　　　　钮世辉（北京林业大学）
　　　　　　袁虎威（浙江农林大学）
　　　　　　郭海朋（宁波大学）
　　　　　　黄兴召（安徽农业大学）
　　　　　　崔富强（浙江农林大学）
　　　　　　蔡　冲（中国计量大学）

前　言

随着生物科学技术的飞速发展，树木分子生理研究技术作为揭示植物生命奥秘、促进可持续发展的重要领域，正日益受到国内外学术界的广泛关注。本教材通过系统介绍树木分子生理研究技术的基本理论、方法和技术，旨在为从事该领域研究的学者、学生及科研人员提供一本全面、实用的教材。

树木分子生理研究技术是生命科学中一项重要的生物技术，树木生理领域的发展离不开树木分子生理实验方法和研究技术的重大创新。许多学校也越来越重视树木分子生理实验课的教学效果，强调学生科研实验工作的使命感和责任感，努力在解决林业发展重大科技问题、推动生态文明建设等方面作出积极贡献，同时，它直接关系到学生就业后能否很快适应工作，考研成功后能否顺利进行科学研究。如何提高学生的树木分子生理实验技能和基本素质，是摆在我们面前的重要任务，因此，编写一本新型、适用的树木分子生理实验教材是十分必要的。

本教材由长期从事林学、植物生理学、经济林学、森林培育学和分子生物学实验教学的教师共同编写。教材综合了各时期不同版本的植物生理学、木本植物生理学、植物生物学实验和分子生物学实验教材的优点，结合编者多年教学科研中总结出的经验，在实验内容选择、编排形式、原理介绍、实验步骤等方面都有所创新。

本教材分为5个部分共12章，主要介绍了植物生理学、木本植物生理学、植物生物学实验和分子生物学实验教学项目的原理、操作步骤、仪器使用等。其中，第一部分树木细胞生理研究技术包含1章，主要介绍树木形态解剖技术研究；第二部分树木代谢生理研究技术包含5章，主要介绍树木的水分代谢、树木的矿质代谢、树木的光合代谢、树木的呼吸代谢和树木的次生代谢；第三部分树木生长发育生理研究技术包含4章，主要介绍树木激素、树木的生长生理、树木的生殖生理、树木的成熟和衰老生理；第四部分树木逆境生理研究技术包含1章，主要介绍树木的抗性生理；第五部分树木分子生物学研究技术包含1章，主要介绍树木组织中核酸的提取与检测。附录包括实验室安全守则、常用缓冲溶液的配制和实验报告模板。

本教材的第一部分由沈锦波编写；第二部分中的水分代谢、矿质代谢和光合代谢由何漪和邹锋共同编写，呼吸代谢由宋希强和陈勇共同编写，次生代谢由杨丽和黄兴召共同编写；第三部分中的激素由袁虎威和郭海朋共同编写，生长生理由刘玉林和陈苗共同编写，生殖生理由钮世辉和蔡冲共同编写，成熟和衰老生理由郝明灼、胡君艳、张爱琴和王世伟共同编写；第四部分由郑炳松和何茜共同编写；第五部分由王晓飞、崔富强和沈晨佳共同编写。同时，副主编参与各部分的修改完善，主编负责教材的统稿、修改和整体把关。

本教材的出版得到了浙江农林大学教材建设基金的资助，特此感谢！本教材内容翔实，可操作性强，适合综合性大学、高等师范院校、高等农林院校以及研究机构从事生物学、林

前言

学、生态学、保护生物学、生物多样性等相关专业的教师、研究生、本科生以及工作人员阅读参考。但由于作者水平有限，而且生物学、植物生理学、木本植物生理学和分子生物学研究技术涉及面很广，书中错误和不足之处在所难免，敬请同行与读者予以指正赐教，以便再版时修正。

编 者
2023 年 6 月 12 日于临安东湖

目 录

前 言

第一部分 树木细胞生理研究技术 …………………………………………… 1

第一章 树木形态解剖技术研究 …………………………………………… 2
第一节 显微镜的使用方法及生物绘图技术 …………………………………… 2
第二节 植物制片技术 …………………………………………………………… 9
第三节 植物细胞的结构观察 …………………………………………………… 14
第四节 植物细胞后含物的观察 ………………………………………………… 17
第五节 植物细胞的增殖 ………………………………………………………… 19
第六节 植物组织的结构观察 …………………………………………………… 21

第二部分 树木代谢生理研究技术 …………………………………………… 27

第二章 树木的水分代谢 …………………………………………………… 28
第一节 含水量的测定 …………………………………………………………… 28
第二节 水势的测定 ……………………………………………………………… 29
第三节 渗透势的测定 …………………………………………………………… 32
第四节 蒸腾强度的测定 ………………………………………………………… 34

第三章 树木的矿质代谢 …………………………………………………… 37
第一节 TTC 法测定树木根系活力 ……………………………………………… 37
第二节 培养液中 N、P、K 的定量测定 ………………………………………… 38
第三节 硝酸还原酶活力的测定 ………………………………………………… 41
第四节 树木对铵离子的吸收动力学 …………………………………………… 44
第五节 蛋白质的含量测定 ……………………………………………………… 46
第六节 蛋白质氮含量的测定 …………………………………………………… 49
第七节 钾离子对气孔开度影响的观察 ………………………………………… 51
第八节 根系对离子的交换吸附 ………………………………………………… 52

第四章 树木的光合代谢 …………………………………………………… 54
第一节 叶面积的测定 …………………………………………………………… 54
第二节 光合速率的测定 ………………………………………………………… 55
第三节 光响应曲线和 CO_2 响应曲线的制作 ………………………………… 61
第四节 叶绿体色素的提取、分离及理化性质 ………………………………… 64
第五节 叶绿素含量的测定 ……………………………………………………… 66
第六节 磷酸烯醇式丙酮酸羧化酶活性的测定 ………………………………… 68

目 录

第七节	核酮糖-1,5-二磷酸羧化酶定量分析	70
第八节	ATP 酶活性测定	72
第九节	希尔反应和光合磷酸化测定	74
第五章	**树木的呼吸代谢**	**78**
第一节	呼吸速率的测定	78
第二节	过氧化氢酶活性测定	81
第三节	苯丙氨酸解氨酶活性的测定	83
第四节	过氧化物酶活性的测定	84
第五节	多酚氧化酶活性的测定	85
第六节	果胶酶活性的测定	87
第六章	**树木的次生代谢**	**90**
第一节	生物碱含量测定	90
第二节	植物次生代谢物超临界流体萃取	91
第三节	高效液相色谱法分析松针中的花旗松素	94

第三部分　树木生长发育生理研究技术　97

第七章	**树木激素**	**98**
第一节	生长素的生物鉴定	98
第二节	赤霉素促进植物种子萌发	99
第三节	细胞分裂素的抗衰老作用	101
第四节	生物刺激剂在插条生根上的作用	102
第五节	基于 LC-MS/MS 平台的植物激素分析方法	103
第八章	**树木的生长生理**	**108**
第一节	种子生活力的测定	108
第二节	根系活力的测定	111
第三节	淀粉酶活性的测定	115
第四节	脂肪酸含量的测定	118
第五节	纤维素含量的测定	119
第六节	可溶性糖含量测定	120
第七节	还原糖含量的测定	122
第九章	**树木的生殖生理**	**125**
第一节	光周期的诱导	125
第二节	花粉活力的测定	126
第十章	**树木的成熟和衰老生理**	**130**
第一节	丙二醛含量的测定	130
第二节	超氧化物歧化酶活性的测定	131
第三节	脂肪氧化酶活性的测定	134

第四部分　树木逆境生理研究技术 ……………………………………………………… 137

第十一章　树木的抗性生理 ………………………………………………………… 138
第一节　高低温胁迫对质膜透性的影响 ……………………………………………… 138
第二节　脯氨酸含量的测定 …………………………………………………………… 139
第三节　维生素 C 含量的测定 ………………………………………………………… 141

第五部分　树木分子生物学研究技术 …………………………………………………… 145

第十二章　树木组织中核酸的提取与检测 ………………………………………… 146
第一节　DNA 的提取与测定 …………………………………………………………… 146
第二节　RNA 的提取与测定 …………………………………………………………… 147
第三节　核酸的凝胶电泳 ……………………………………………………………… 150
第四节　mRNA 纯化 …………………………………………………………………… 154

参考文献 ………………………………………………………………………………… 157
附录 1　实验室安全守则 ………………………………………………………………… 158
附录 2　常用缓冲溶液的配制 …………………………………………………………… 159
附录 3　实验报告模板 …………………………………………………………………… 161

第一部分

树木细胞生理研究技术

第一章　树木形态解剖技术研究

第一节　显微镜的使用方法及生物绘图技术

实验目的

1. 熟悉显微镜的结构、成像原理和使用操作规程,并熟练操作和使用显微镜。
2. 掌握正确的绘图方法,提高绘图质量。

实验原理

1. 光学显微镜成像原理

光学显微镜的结构如图 1-1 所示,其成像的主要原理是凸透镜成像,物像的扩大主要是物镜和目镜的作用。利用反光镜将可见光(自然光或灯光光源)反射到聚光镜中,把光线汇聚成束,穿过生物制片(样品)射向物镜的透镜上,经透镜折射而在物镜与目镜之间形成生物制品结构的放大倒置实像。这一倒置实像经过目镜的放大而形成倒置放大虚像。虚像进入眼球在视网膜上形成正像,但由于视觉习惯,人脑中形成的依然是倒置的图像。因此,用显微镜观察样品,看到的是样品结构放大后的倒置虚像(图 1-2)。

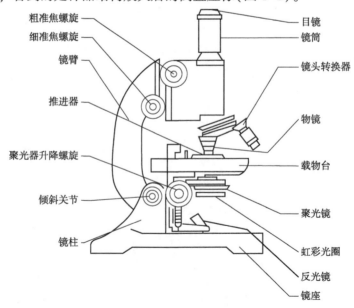

图 1-1　光学显微镜结构

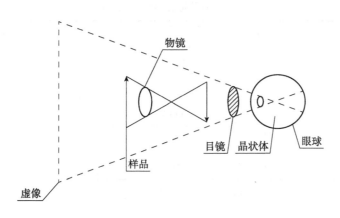

图 1-2 光学显微镜成像原理

从以上成像过程可知，显微镜的放大倍数由目镜、物镜和镜筒的长度决定。镜筒长度通常为 160 mm，因此，放大倍数主要由物镜和目镜来决定。一般目镜越短，物镜越长，放大倍数越大。通常显微镜的物镜与目镜上都刻有放大倍数，目镜的放大倍数分为 5×、10×、15×和 25×，物镜的放大倍数分为 4×、10×、40×、90×和 100×，理论上物品放大倍数是目镜和物镜放大倍数的乘积。

理论上，显微镜的最大放大倍数可以达到 2 500 倍，但是由于目前可见光波长和制造工艺的限制，放大到该倍数的分辨率无保证，因此，当前最好的显微镜有效放大倍数最高只能到 1 000 倍左右。

2. 电子显微镜的工作原理

电子显微镜（即透射电子显微镜）的特点是放大倍数高，可以放大几千倍、几万倍甚至几十万倍。电子显微镜的分辨率也高，光学显微镜下看不到的结构（如内质网）或生物（如病毒）在电子显微镜下就能清晰看到。

分辨率即能够分辨得出尽可能近的两点的能力，用两点间最短的极限距离表示。例如，普通光学显微镜的分辨率为 0.2 μm，即 0.2 μm 为普通光学显微镜的分辨极限。

不同于光学显微镜，电子显微镜的原理是利用电磁透镜使电子束汇聚在一起，穿过样品，再经电磁透镜（物镜与目镜）作用把样品的像放大几百倍、几千倍甚至几十万倍。

光线和电子束的波长与分辨率有直接关系，波长越短分辨率越高。可见光（一般光学显微镜所用的光线）波长为 760~400 nm，光学显微镜的分辨率为 0.2 μm；如果用波长短的紫外光（波长为 400~10 nm）则其分辨率可提高 1 倍，达到 0.1 μm。由于电子束的波长显著低于光线（表 1-1），电子显微镜的分辨率要高得多。我国设计的 DXB_2-12 型电子显微镜分辨率为 0.204 nm，可放大 80 万倍。

电子显微镜的工作原理与光学显微镜类似，只是用电子束代替光线，电磁透镜代替光学透镜。由于空气对电子束起阻碍作用，电子显微镜内部需要保持真空状态。另外，电子束的穿透能力很差，过厚的样品不能用电子显微镜直接观察，必须将样品切成厚度为 60~90 nm 的超薄切片才可以。可见，电子显微镜比光学显微镜的使用条件要求高得多。

表 1-1　不同光线和电子束的波长

名称		波长(nm)
光线	可见光	760~400
	紫外光	400~10
电子束	50 kV	0.005 3
	80 kV	0.004 2
	100 kV	0.003 7

注：电子束的波长随着电压的增高而变短。

实验器材与实验试剂

1. 实验器材

擦镜纸、载玻片、盖玻片、镊子、解剖针、吸水纸、显微镜。

2. 实验试剂

蒸馏水、二甲苯、香柏油和碘液。

实验步骤

1. 光学显微镜的构造及使用方法

（1）光学显微镜的构造

光学显微镜由光学部分和机械部分组成（见图 1-1）。

①光学部分　物镜、目镜、镜筒、聚光器和反光镜。

②机械部分　转换器、粗准焦螺旋、细准焦螺旋、镜臂、载物台（镜台、上面装有压片夹或移动标本制片的推进器）、镜柱、倾斜关节和镜座。

聚光器位于载物台的孔下方，由两块或数块透镜组成。它的作用是聚集反射镜反射来的光线，并将其射入镜筒，以增强标本的亮度。聚光器可通过聚光器升降螺旋的转动进行上、下调节以获得适宜光度：向下降低亮度减少，向上提升则亮度加强。如果显微镜视野内可见到窗框的投影，除改变反射镜方向外，也可将聚光器适当下调。聚光器的下面附有虹彩光圈，也可称光栏，由十几片金属片组成，推动其把手可用来控制聚光器口径的大小和照射面，以调节光的强弱；光强时缩小光圈，光弱时放大光圈。虹彩光圈下面还附设一金属圆圈，根据需要可放置某种色调的滤光片，以提高观察效果和突出某一部位成像的效果，这多在照像时使用。

（2）光学显微镜的使用方法

①搬动显微镜时，必须一手握持镜臂，另一手托住镜座，使镜身保持直立。不可用一只手倾斜提携，以免摔落目镜、反射镜以及镜座。

②要轻拿轻放。将显微镜置于实验台上时，镜臂朝向自己，略偏向左方距实验桌的边缘约 30 mm 处，右侧可放记录本或绘图纸等。

③使用显微镜前，首先要调节好光线，在实验室内可以利用灯光或自然光，但不能用直

射的阳光，以免损伤眼睛。使用时首先转动转换器，使目镜、低倍物镜（通常是10×物镜）和通光孔成一条直线，然后转动粗准焦螺旋，使物镜与载物台相距7~8 mm，接着先把聚光器提上，打开可变光栏，在用左眼观察目镜中视野的同时，转动反光镜，使视野的光线最明亮、最均匀。如果靠近光源或光源较强，可用平面的反光镜；如果光源距离较远或光源较弱，可用凹面的反光镜。

④把要观察的切片置于载物台上，用推进器或手移动载玻片，使标本正对通光孔的中央（若无推进器，移动后应用压片夹固定）。接着用左眼观察，若没看见标本，可慢慢旋转粗准焦螺旋，使镜筒慢慢上升，直到能看清标本为止。此时若物像不在视野中央，可移动载玻片，使标本物像出现在视野中央。移动时需明白显微镜中形成的物像是放大的倒像，故改变图像在视野中的位置时，需要朝相反的方向移动，或叫"对着干"，即偏右了应向右移动玻片，反之亦然。然后用细准焦螺旋进行调节（注意：细准焦螺旋是显微镜上机械部件中最易损坏的部件，要格外保护。通常使用低倍物镜观察时，用粗准焦螺旋调焦就可以得到满意的效果，在此情况下，尽量不用或少用细准焦螺旋。使用高倍物镜如需要用细准焦螺旋调焦时，转动量最好也不要大于半圈）。

⑤进行观察时，一定要双眼睁开，做到左眼观察，右眼绘图，同时要先从低倍物镜观察。先了解制片的整体情况，如需详细观察制片中某一部分的细微结构，则先在低倍下找到合适的位置，并移到中央，然后转动镜头转换器，用较高倍的物镜观察。如需用更高倍的物镜进一步观察，则可重复以上步骤。在观察过程中，由于材料、目镜、物镜放大倍数等不同，所需光线强弱也不同，靠调节聚光器上、下位置和光栏光圈大小来调整。

⑥本实验通常使用高倍物镜来达到观察目的。如观察材料欲放大1 000倍以上时，则需使用油浸物镜（即100×）。使用油浸物镜时，目镜跟使用其他倍数的物镜时一样，可用10×、15×、25×等。观察时必须先用高倍物镜找到要观察的部位，调至视野中央后，再转动粗准焦螺旋。提高镜筒，转动镜头转换器，使油浸物镜与镜筒相对，然后在所要观察材料的盖玻片上面，在正对通光孔的中央部位加一滴直径约0.5 cm的液状石蜡或柏木油。随后从显微镜侧面观察，操纵粗准焦螺旋，使镜筒下降至油浸物镜浸入油内，并正好与盖玻片相融，然后用左眼靠近目镜，细心观察视野，旋转粗准焦螺旋，使镜筒缓慢地上升，当看到模糊物像时，换用细准焦螺旋调至清晰为止。

观察完毕，提起镜筒，当即用擦镜纸擦去镜头上的液状石蜡。若用柏木油（也称香柏油），需用擦镜纸先擦去镜头的柏木油，再用擦镜纸蘸取少许二甲苯轻轻擦拭，最后用干净的擦镜纸擦净。标本制片上的液状石蜡（或柏木油）用同样的方法擦去。

⑦每一种标本观察完毕后，必须在低倍物镜下取出。若在高倍物镜下或油浸物镜下观察也必须转换至低倍物镜后（或将镜筒提起一定高度）方可取出。这样可避免损坏玻片标本和镜头。若在低倍物镜下取出，还可便于更换至另一张玻片标本继续观察。

实验全部完成后，先用清洁纱布轻轻擦拭整个镜体（切记：不包括玻璃构件表面），再将物镜转成"八"字形垂于镜筒下，以免物镜镜头下落与聚光器相碰撞。然后调节镜筒下降至两物镜侧面与镜台轻触为止，并转动反射镜，使镜面与镜台垂直，方可放入显微镜箱内。光学显微镜常见问题及处理方法见表1-2。

表 1-2　光学显微镜常见问题及处理方法

问题	原因	处理方法
视野亮度不均匀	物镜未放入光路	确认放入光路
	聚光器太低	放到最高位
	光学器件有污垢	充分清洁
视野有尘土和污垢	光学器件或标本有污垢	充分清洁
观察像刺眼	聚光器太低	升高聚光器
	光圈太小	对照物镜倍率
两眼视野不一致	瞳距不合适	正确调整
	没有补正两眼视差	正确调整
从低倍物镜切换到高倍物镜时会碰到制片	制片安装反了	盖玻片向上重新安装
对不好焦(载物台不上升)	粗准焦螺旋限位太低	升高粗准焦螺旋限位
载物台自动下滑	粗准焦螺旋松紧度调整环太松	适当调紧
灯泡不亮	电源线没有插好	重新插好插头
	灯泡坏了	更换灯泡

(3) 操作练习

对光学显微镜的构造和使用方法有初步了解后，可以进行下列操作练习：

①用"上"字制片在低倍物镜下观察，掌握对光和聚光器的使用方法。找到观察的物像后，用聚焦器把物像调节到最清晰程度。验证放大的物像是否为倒像？把制片向左和向右移动，物像移动的方向是否与制片移动的方向一致？为什么？

②用"绢"制片，计算视野直径在高倍物镜和低倍物镜下各有多少方格，计算其倍数是否与物镜放大倍数成正比。

③用"绢"制片，测量不同放大倍数下视野的直径。首先在"绢"制片上找出黑色斑点的标记(用肉眼就可以看出，这是在制片时做的，每两黑点之间为 1 mm)。数一数两黑点之间有多少小方格，然后分别在 4×、10×、40×物镜下(目镜放大倍数不变)计算视野直径的方格数目，并按方格数目多少粗略地计算出 3 种物镜下视野直径的大小。把计算结果记录下来，有助于建立放大倍数的概念，方便后续实物观察。

④在载玻片上滴一滴稀胶水，用解剖针搅拌使其产生小的气泡，加盖玻片后在显微镜下观察。在显微镜下看到的气泡，其外围为一黑圈，中间为明亮部分。应该记住气泡在显微镜下的形象，在以后的实验中，不要把气泡误认为植物组织中的结构，这往往是初学者易犯的错误。

(4) 光学显微镜的维护

①必须熟悉并严格执行上述显微镜操作步骤和规则。

②避免灰尘、实验试剂或溶液沾染或滴到显微镜上，如污染了玻璃构件表面，应立即用擦镜纸擦拭干净，其余部位则应用清洁纱布尽快擦拭干净。

③玻璃构件表面比较脆弱，尤其是物镜、目镜和聚光器内的透镜比一般玻璃的硬度小，易于损伤，因此只能用专用的擦镜纸，不能用棉花、棉布或其他物品擦拭，更不能用手直接

接触。擦拭时要先将擦镜纸折叠为四折，绕着物镜或目镜的中轴按一个方向轻轻地旋转擦拭，使用后的擦镜纸还可以用来擦反射镜。如不按上述方式擦拭，落在镜头上的灰尘很容易损伤透镜，出现划痕。

④显微镜为精密仪器，应小心使用，不可随意拆卸，遇有机件失灵或阻滞现象，绝不能强力扭转，应及时查明原因，排查问题，以便有针对性地进行修理。

⑤保持显微镜箱内干燥、清洁，取出和放回显微镜后，立即关闭显微镜箱，并适时更换干燥剂。

2. 电子显微镜的构造及使用方法

细胞的发现与显微镜的发明密切相关。依托显微镜，人类逐步打开了从微观领域认识生命世界的大门。17世纪60年代，光学显微镜的使用使人类对细胞的观察进入了微观世界的认识；20世纪初，细胞学的研究水平从光学显微镜下的显微结构发展到了电子显微镜下的超微结构。随着同位素示踪、放射自显影和X射线衍射法等技术的应用，细胞的研究又从超微发展到分子水平阶段。

(1) 电子显微镜的构造

透射电子显微镜由电子枪、聚光镜、样品室、物镜、中间镜、透射镜、真空泵、照相装置等组成。

①电子枪　发射电子，由阴极、栅极、阳极组成。阴极管发射的电子通过栅极上的小孔形成射线束，经阳极电压加速后射向聚光镜，起到对电子束加速、加压的作用。

②聚光镜　将电子束聚集，可用以控制照明强度和孔径角。

③样品室　放置待观察的样品，并装有倾转台，用以改变试样的角度，还有装配加热、冷却等设备。

④物镜　为放大率很高的短距透镜，作用是放大电子像。物镜是决定透射电子显微镜分辨能力和成像质量的关键。

⑤中间镜　为可变倍的弱透镜，作用是对电子像进行二次放大。通过调节中间镜的电流，可选择物体的像或电子衍射图来进行放大。

⑥透射镜　为高倍的强透镜，用来放大中间像后在荧光屏上成像。

⑦真空泵　用以对样品室抽真空。电镜镜筒内的电子束通道对真空度要求很高，电镜工作必须保持在$10^{-3} \sim 10$ Pa以上的真空度(高性能的电镜对真空度的要求更达10 Pa以上)，因为镜筒中的残留气体分子如果与高速电子碰撞，就会产生电离放电和散射电子，从而引起电子束不稳定，增加像差，污染样品，并且残留气体将加速高热灯丝的氧化，缩短灯丝寿命。获得高真空是由各种真空泵来共同配合抽取的。

⑧照相装置　用以记录影像。

(2) 电子显微镜的使用方法

①样品及样品杆的安装　将单倾样品杆放入有机玻璃管槽中，注意手不要接触样品杆前端位置，将样品正面朝下放入样品杆中心圆孔台中，样品安装完成后需要用手轻敲样品杆黑色塑料尾端数次，确认样品位置无变化且无掉落的危险。插入样品杆，确认样品位置为原点，如果不是原点，使用控制面板上的复原键(注意在没有插入样品杆时，严禁使用复原键，所以每次推出样品杆之前应该复位)；样品杆完全进入镜筒后，轻敲其尾部黑色塑料帽数下，使其状态稳定；插入样品杆后注意观察真空变化，其值减少才为正常，否则可能是样

品杆插的不对，有漏气。结束操作后，将样品台回零，等样品台上的红灯熄灭；顺时针旋转样品杆直到不能继续旋转为止，保持水平地把样品杆拔出。将样品从样品杆上取下来，样品取出时，如果担心碰碎样品，可旋转样品杆180°，使样品自然掉落在干净的滤纸上。

②电镜准备工作　打开循环水，注意水温是否正常。打开电源开关，打开荧屏电源，检查荧屏，确认电压是否在120 kV。检查电流值，察看真空面板，确定真空进入10^{-5} Pa量程。检查聚光镜光栏是否全打开，物镜光栏是否全打开，如不是请打开全部光栏。将液氮放入冷阱液氮容器中。将样品杆插入镜筒中，逐步加高压到所需高压值。打开灯丝，等灯丝电流稳定（2~4 min），最后的灯丝电流应该在105 A左右。观察是否有正常光斑。

③消聚光镜像散和聚光镜光阑对中　如果发现电子束呈椭圆形，则需要调整聚光镜像散，使电子束光斑变圆，使电子束光斑变到最小（直径不应小于2 mm，否则电子束可能会打坏荧光屏），继续调整并反复操作，直至电子束变圆。缩小电子束，利用轨迹球移动电子束至荧光屏中心位置，顺时针旋转扩散电子束约至第二个环的大小，如果电子束不在荧光屏中心，用聚光镜光阑的两个旋钮把电子束拖回中心。重复上述操作直至顺/逆时针旋转扩散电子束时，电子束同心扩大或缩小。

④电镜样品的调整　选择适当的放大倍数和电子束强度，并选择感兴趣的观察区域将较明显的特征点移至荧光屏中心；此时样品会随着样品台的摆动而摆动，通过调整使图像摆动最小或几乎不动即可。

⑤加物镜光阑　选择合适的放大倍数，调电子束至最小，加入光阑（钮拨至左侧），调整光阑的位置（在物镜光阑的两个旋钮）至电子束的中心，调整电子束至荧光屏中心。

⑥获取图像　在荧光屏下找到感兴趣的图像，用样品杆移至中心，调整到合适的放大倍数，散开电子束，使其均匀分布于荧光屏上，抬高荧光屏，CCD上即出现图像。

⑦物镜像散的调整　在拍摄照片前，尤其是高分辨率照片前，应调整物镜像散，选择拍照区域并调整焦距（微欠焦）；打开软件面板，选择物镜像散，调整焦距，使斑点中心圆环变大，同时调整物镜像散，使环变圆。调整使中心圆环最大，调整物镜像散使圆环最圆（需要反复调整物镜像散）；最后调整至中心圆环变大到几乎看不见。

⑧结束操作　降低放大倍率，电子束扩散至满荧光屏，以方便下次观察。取出样品杆（参见取出样品杆程序），装上样品杆堵头，关灯丝，逐步降低电压至40 kV后关闭电压。移出冷阱，在原位放置一块干毛巾以免冷凝水滴入电镜。关闭操作软件，关闭显示器。

3. 生物绘图技术

图形是说明植物形态特征的最好方式，被称为植物形态学最好的"语言"。因此，植物图的绘制是开展树木形态解剖研究必须掌握的技能，应力图做到科学性和准确性。

(1) 植物图的大致类型

①外形图或形态图　即对植物体及器官或器官的某部分的外形，按自然状态描绘实物图形，在植物分类学中常用到。绘图时要特别注意形体的比例正确；若想使之有立体感，则须用平行线条的粗细或圆点的大小、疏密的不同对比表示。

②草图、轮廓图或示意图　即绘制植物标本全部或某一部分细胞或组织的排列位置和比例的大概轮廓结构。图解图也属此类。

③细胞结构图或详图　在显微镜下描绘生物切片标本某部分的细胞或组织的详细结构。绘制时可徒手，也可用描绘器或按显微照相照片放大仿绘。

可根据不同的实验内容和目的，绘制不同类型的图。本课程只要求用铅笔进行徒手作图。

（2）实验绘图的具体要求

①把实验题目写在实验报告中，将姓名、日期依次填上。

②只在纸的一面绘图，绘图和注字不能用钢笔或圆珠笔，要用一定硬度(2H或3H)的铅笔。削铅笔时尖端木头露出约2.5 cm，铅心露出约0.8 cm，削成圆锥形。纸面力求清洁平展。

③绘图之前，应对实验所要求的绘图内容作合理布局，每图的位置及大小配置适宜，性质相关的图宜列在一处，若是只绘一个图就应放在纸的中间；若绘两个图则应分布于纸的上方和下方并留出标注的空间，使所有的图和标注均位于报告纸的正中位置。

④对照实验指导参考图示，仔细观察实验材料，选出正常的、典型的、符合要求的部分作图，一般尽可能把图放大些。当绘细胞图时，绘2~3个细胞即可；当绘器官图时，绘1/2或1/8~1/4部分即可。

⑤绘图时先用HB铅笔按一定比例放大或缩小并轻轻勾出标本轮廓，再用2H或3H铅笔将准确的线条画出。要求线条洁净清晰，同一线条要粗细均匀，中间不要分叉或断线，一切杂乱或无用的线均需用橡皮擦去。

⑥生物学的绘图不同于一般的美术图，应强调比例正确、科学和真实。图上只能用线条勾轮廓和用圆点表示明暗，不可涂黑衬阴影；线条要清晰，圆点要均匀，不要点成小撇。

⑦每图各部分均应详细标注文字，注字一般要求在图的右侧。注字时将所需标注的各部用直尺引出水平细线，用正楷字横写于线的末端，排成一竖列。图的标题和所用的材料写在图的下方。

📢 **注意事项**

在荧光屏上调电子束光斑时，任何时候都要防止束斑聚得太细，以防止烧坏荧光屏，目测光斑直径以不小于2 mm为宜，且不应在该尺寸保持太久。

✝ **思考题**

1. 光学显微镜的使用步骤有哪些？
2. 为什么在光学显微镜下观察气泡时，会有黑圈出现？
3. 参观电子显微镜室，了解透射电子显微镜和扫描电子显微镜的工作原理和制备样品的程序。
4. 练习并掌握生物绘图技术。

第二节　植物制片技术

▲ **实验目的**

1. 了解植物科学研究中常用的制片原理和制片方法。
2. 掌握徒手切片法、石蜡制片法、离析制片法等操作技术。

实验原理

1. 固定

①化学作用　凝结作用，如蛋白质变性等。
②物理作用　沉淀作用，如油类、脂肪遇锇酸产生黑色沉淀。

2. 染色

细胞和组织的不同结构之所以能染成各种不同颜色，是染料对它们起到的物理与化学综合作用的结果。

①物理作用　如渗透作用、吸收作用、吸附作用等。
②化学作用　细胞内的酸性物质可与阳离子结合、碱性物质可与阴离子相互结合，使组织细胞染上颜色。

3. 封藏

封藏是将透明的材料保存在适宜折光率的封藏剂中，使材料能在显微镜下清晰地显示出来，并能长期保存。

实验器材与实验试剂

1. 实验器材

镊子、剪刀、染色碟、毛笔、双面刀片、解剖刀、单面刀片、注射用玻璃小瓶及橡皮盖子(如用后的青霉素小瓶)、注射器(针头)、小镊子、解剖针、量筒、实验试剂瓶、盛碎蜡的盒子、切片机(刀)、载玻片(免清洗)、盖玻片(免清洗)、牛皮纸或较硬且光滑的纸、烧杯、塑料盆、温台、展片台、小铁片或废弃的手术刀、酒精灯、小木块(1 cm×2 cm×3 cm)、脱蜡缸、滴瓶、吸水纸、显微镜、恒温箱。

2. 实验试剂

0.2%中性红溶液、1%番红水溶液、蒸馏水、甲醛-乙酸-乙醇固定液(FAA，50%~70%乙醇 90 mL + 乙酸 5 mL + 40%甲醛 5 mL)、乙醇、叔丁醇或正丁醇、二甲苯、3 种熔点类型石蜡(52~54℃、54~56℃、56~58℃)、明胶粘贴剂、苯酚、甘油、固绿乙醇液(固绿 1 g，加 95%乙醇至 100 mL)、加拿大树胶(溶解时应避免产生气泡)、碘化钾、碘、铬酸-硝酸离析液。

实验步骤

1. 徒手切片法

在观察研究植物内部构造时，常常使用刀片把植物组织切成薄片，进行显微观察，这种方法叫作徒手切片法。此法所用工具简单，方法易学，省时又方便，具普遍适用性。更为突出的优势是新鲜材料可随采随切，因此这种方法能使研究者看到观察对象的天然颜色，是植物显微技术的重要方法之一。

①预先备好水、毛笔、双面刀片。
②取材　能耐受刀力、硬度适中的材料，可以直接用于切片，其中细长的材料，应截成 2.5 cm 左右的小段；如果是粗大的材料，则应用解剖刀把它切成适当大小的长块；过于柔

软的材料，如植物的叶片或其他薄而微小的材料，则须夹到一定的维持物中，常用的维持物有胡萝卜、马铃薯块茎、接骨木的髓部等；坚硬的材料，则要经软化处理后再切。材料取好后，再用解剖刀把要切的表面修平。

③切法　用左手的食指、中指、拇指拿住材料，并将材料置于食指、中指屈曲形成的凹面内，拇指压住材料，材料与食指的曲面垂直。材料要稍微凸出食指的曲面（1～2 mm），拇指尖稍低于食指曲面，以免割伤。然后右手拿刀片，先蘸湿刀片和材料，再把刀片靠在食指的曲面上，刀口向胸，以均匀的动作将刀片由左向右拉切，不能中途停顿，也不要用刀片直接挤压材料。已切薄片用蘸水毛笔刷入盛水的染色碟（或其他盛水的器皿）内，以备选用。尽量不要切斜，如发现切面出现倾斜应立即修正（切平），然后继续切片。

④选片　当染色碟内已有一定量的切片时，要进行选片（因为这些切片中有的完整而厚，有的完整而厚薄不均，有的完整而薄，有的片薄却不完整）。完整而薄的切片最为理想，但是初学者取得这类切片相当不容易，而且某些实验，只需要观察其中一部分就能达到实验目的，如花生茎的横向切片最少有1/2，就可以看出维管束排列情况和茎横切面构造；而玉米茎则最少有1/4，就可以看出内外维管束的大小、多少及每个维管束的构造。切片完成后要在显微镜下通过镜检挑选，其方法是：在擦净的载玻片中央加一滴蒸馏水，挑选2～3片认为比较理想的切片置于蒸馏水中，盖上盖玻片（装片过程中注意切片不要相互重叠，同时防止气泡的干扰）。在显微镜下，挑选切得又薄又正的切片进行仔细观察。在镜检过程中，还可总结自己制片过程中存在的缺点和问题，以便于改正。

⑤切片制作完毕，应将刀片擦干，涂上油，以免刀片生锈，并保存好，以便下次实验再用。

2. 石蜡制片法

石蜡制片技术是显微技术上常用的一种方法。其优点在于：应用范围广，几乎适用于所有的植物材料；能将材料切成厚薄均一的切片，较清楚地显现细胞、组织的细微结构；能切成连续蜡带，可观察细胞和组织的动态发生及层次变化过程；切片可以长期保存，便于随时观察比较。缺点在于：操作程序比较复杂，需要时间较长，有些质地过硬的材料也不宜采用；需要一定条件和设备。

①取材　根据制片目的和要求而定，材料要有代表性和完整性，无病虫害及其他损伤。根据采集材料的特征分割为适当大小，一般不超过 0.5～1.5 cm^3；如果是子房、花药则无须分割。

②灭活并固定　将观察材料尽快置于特定的药剂（固定剂）中，将其细胞迅速灭活，使它尽量保持生活时的自然状态（固定）。固定时应根据材料的性质及制片目的选用固定液，常用的固定剂有FAA、卡诺和纳瓦固定液。固定液的用量要达到材料体积的20～50倍，否则，材料中的水分会稀释固定剂的浓度，降低固定效果。固定时要对材料进行真空抽气，这是因为组织、细胞中都有空气，会阻止固定剂渗透到组织中，使固定不全面和不彻底，影响后续的浸蜡、切片等；真空抽气最好用抽气泵，简易的可以用较大的注射器抽气，或用自来水抽气装置抽气。

③脱水　指除去组织内多余的水分，使材料变硬，形状愈加稳定；利于材料的保存和下一步的透明、浸蜡等。可选用正丁醇脱水或梯度乙醇脱水，以乙醇脱水为例，应从低浓度逐渐移入高浓度（一般由30%→50%→70%→85%→95%→2次无水乙醇，具体从哪一级乙醇开

始脱水，应根据固定液的性质而定），否则会引起材料的强烈收缩而产生变形。材料在各浓度乙醇中处理的时间视材料大小和性质而定，通常每浓度停留 2~4 h，无水乙醇每次停留 1.5~3 h，已切好的切片每浓度停留 3~20 min。

④透明　指除去脱水剂，使材料透明并增加折光系数，同时便于包埋剂（石蜡）进入组织中。最常用的透明剂为二甲苯，为了避免材料收缩，采取逐步从无水乙醇中过渡到二甲苯中的方法，如：无水乙醇→2/3 无水乙醇+1/3 二甲苯→1/2 无水乙醇+1/2 二甲苯→1/3 无水乙醇+2/3 二甲苯→纯二甲苯(最后浸泡的时间不能过长，否则材料收缩和变脆，可以透明 2 次)。

⑤浸蜡　逐渐除去透明剂，并用包埋剂代替，以便进行包埋。取碎石蜡少许熔化在有材料的透明剂中（58~60℃恒温箱中微加热），熔化后不断加入碎石蜡直至达到透明剂：石蜡=1:1(体积比)为止（每次加蜡后都需将透明剂瓶盖上，以免透明剂过度蒸发）。几小时后，打开瓶塞让透明剂蒸发充分（几小时）。之后，将材料移入装有熔化石蜡的小瓶中（仍然在 58~60℃恒温箱中），便于下一步操作，数小时后换纯蜡一次，直至材料完全被石蜡浸透，则透明剂也已被石蜡完全替代，可以进行下一步的包埋。换蜡时应在恒温箱中进行，以免凝固。

⑥包埋、熔蜡　折小纸盒若干，将 60℃ 熔化的纯石蜡倒入小纸盒中，再快速将材料埋入纸盒的蜡中。注意温度的控制，包埋温度太高时石蜡凝固太慢，会在蜡块中出现气泡；如果将它突然放入水中，蜡块又会产生破裂；温度过低时材料与其周围的石蜡不能凝固紧密，也不易赶走气泡，从而不能用于切片。

⑦整形、固着　用锋利的单面刀片将包有材料的蜡块小心地切削成规则的形状，切面最好为方形，蜡块不能有裂缝或裂纹，材料要在蜡块的中央，不能直接露出来。固着时先将碎石蜡熔化在小木块的一端，再利用在酒精灯上加热的小铁片或手术刀，将修理好的蜡块的一端牢固地粘连在小木块上。蜡块要端正地粘连在小木块上，粘连越牢固越好。

⑧切片　将切片刀装在切片机上，切片刀口的角度以 5°~8° 为宜。刀口过直，切出的石蜡易成粉屑状粘在刀面上；刀口太平，则切出的石蜡不能成片。切片的厚度一般应调整为 5~12 μm。

⑨展片、粘片　明胶粘贴剂（Haupt affixative，郝伯特粘贴剂）使用最为广泛。

a. 溶液甲：明胶（粉状）1 g + 100 mL(36℃)蒸馏水（明胶熔化后）+苯酚（结晶）2 g + 甘油 15 mL，最后用滤纸过滤。

b. 溶液乙：甲醛(40%浓度)4 mL+100 mL 蒸馏水（即 4%的甲醛溶液），起到防腐作用。

使用时，在擦净的载玻片上滴上 1/4~1/3 滴溶液甲，用干净的手指将其涂抹均匀，再加一滴溶液乙，然后将蜡片放在液面上（蜡片的光面向下）使之漂浮，再将这样的载玻片放在展片台上(36~45℃)，蜡片受热后就会慢慢伸平，这一过程称为展片。展片后，用滤纸吸去多余的溶液，或在展片台上停留，使多余的溶液蒸发，材料紧贴在载玻片上，这就是贴片。贴片后的切片放入 36℃ 恒温箱，过夜或存放更长时间。

⑩染色制片　切片贴好烘干后可进行染色制片。以番红-固绿染色法为例。

a. 脱蜡：先将二甲苯盛入染色缸，将已烘干待脱蜡的玻片放入缸中 5~10 min，转入二甲苯与无水乙醇 1:1 调配的溶液中 3~5 min。

b. 复水：便于用水溶液配置的染色剂染色。脱蜡后的无水的材料必须从高浓度的乙醇溶液开始，逐级浸入低浓度的乙醇溶液，使材料中的水分逐渐增加，这个过程称为复水。即由无水乙醇→95%乙醇→85%乙醇→70%乙醇→50%乙醇→30%乙醇→蒸馏水，每级停留1~2 min。

c. 番红染色：0.5%~1%番红水溶液中染色2~24 h。

d. 冲洗：用自来水轻轻洗去多余的染色液。

e. 脱水：依次用30%、50%、70%、85%的乙醇处理，每级停留1~2 min。

f. 固绿染色：用0.1%的固绿的95%乙醇溶液复染10~40 s。

g. 透明、封藏：经95%乙醇→无水乙醇(2次)→1/2无水乙醇+1/2二甲苯→二甲苯(2次)浸泡，每级停留2~3 min，再用加拿大树胶封片。

3. 离析制片法

观察植物器官内不同组织的细胞特征时，切片方法往往不能得到单个细胞的立体形态，因此，常采用离析的方法获得分散的细胞。离析制片法的原理是用一些化学药品配制离析液把细胞壁中的中层物质(果胶质)溶解，使细胞分离散开，便于制片观察。

①离析　取黑松和鹅掌楸小段茎，将皮和木质部剥离，分别纵剖为火柴棍粗细的小条，各放在平底或小号量瓶中，再加入铬酸-硝酸离析液(用量为材料的20倍)，盖好瓶盖，置于40℃左右恒温箱中解离1~2 d，检查细胞彼此能够分开时，将已离析的材料用清水浸洗，转入70%乙醇中保存，观察前用番红染色备用。

②压片　将材料移至载玻片上，盖上盖玻片，用解剖针或用铅笔的橡皮头在盖玻片上轻轻敲击，使细胞分散，再用拇指轻挤压盖片(不要使盖片移动)，将组织压成一薄层。

③镜检　将压片置于显微镜下，选择分散、清晰的细胞进行观察。

④封固　观察效果好的压片可冷冻干燥后，用光学树胶封固保存，也可进行脱水透明等步骤制成永久切片。若临时保存，可以用石蜡封边，放于培养皿中于冰箱冷冻室内短期保存。

📢 **注意事项**

1. 切片过程中环境温度的设定以20~25℃为宜。
2. 切片机表面不要沾染有机溶剂(二甲苯等)，以免腐蚀仪器。
3. 新刀片应从一端开始使用，切片过程中谨防镊子等器具碰损刀片。
4. 更换样品时，切记随手锁定旋轮固定装置，并安装护刀架，以防意外事故发生。

思考题

1. 选取适当的植物材料，利用徒手切片技术制作临时装片，用显微镜观察内部结构，并绘出简图，标出名称。
2. 石蜡制片技术中逐级脱水的意义是什么？脱水有什么注意事项？番红-固绿染色法的原理是什么？
3. 简述离析制片法的技术要点。
4. 阐述在实验中碰到的问题和解决方法。

第三节 植物细胞的结构观察

实验目的

1. 了解植物细胞形态的多样性。
2. 观察并认识植物细胞的基本结构。
3. 了解胞间连丝及纹孔的特征。
4. 了解植物细胞质体的特点。

实验原理

1. 光学显微镜成像原理

物体先经过物镜成放大的实像,再经目镜成放大的虚像,二次放大,便能看清楚微小的物体。光线通过凹透镜后,成正立虚像,而通过凸透镜则成正立实像。实像可在屏幕上显现出来,而虚像不能。

2. 染色

染色是生物显微装片标本制作中最重要的环节之一。染色指将生物组织浸入染色剂内,使组织细胞的某一部分染上与其他部分不同的颜色或深度不同的颜色,产生不同的折射率,以便观察。

实验器材与实验试剂

1. 实验器材

洋葱、植物离析材料(棉花茎、小麦叶、梨石细胞团等)、鸭跖草叶、大葱叶、黑藻叶、黄豆芽茎、紫鸭跖草幼嫩叶、新鲜萝卜、新鲜菠菜、葫芦藓拟茎叶、成熟的番茄果实、红辣椒、蚕豆老茎、番茄茎、向日葵茎、马铃薯块茎、洋葱鳞片叶表皮细胞永久制片、柿胚乳横切面永久制片、梨果肉横切面永久制片、擦镜纸、载玻片、盖玻片、镊子、解剖针、吸水纸、光学显微镜。

2. 实验试剂

蒸馏水、二甲苯、香柏油、碘液、0.25%碱性紫、苏丹Ⅲ、乙醇、间苯三酚、盐酸。

实验步骤

1. 植物细胞的形态观察

①清洗玻片　将盖玻片、载玻片用水清洗干净,用纱布擦干。

②取材　将载玻片平放在实验台上,在其中央加一滴蒸馏水,用镊子或吸管取植物组织离析材料(如棉花茎、小麦叶、梨石细胞团等)放在蒸馏水中。

③加盖玻片　把盖玻片的一边先与载玻片的水滴边沿接触,再慢慢地放下另一边,将盖

玻片下的空气挤出，以免产生气泡。

④在显微镜下观察，可见各形状的细胞。

2. 植物细胞的结构观察

(1) 表皮细胞

撕取洋葱鳞片叶表皮细胞一小块，迅速将它置于载玻片已准备好的蒸馏水水滴内，用镊子和解剖针将其展平，盖上盖玻片，用吸水纸吸去多余的蒸馏水，置于光学显微镜下观察。或取洋葱鳞片叶表皮细胞玻片观察。先用低倍物镜（4×，10×）观察细胞的整体形态，然后换成高倍物镜（40×）观察某一个细胞的细微结构。

①细胞壁　位于细胞的最外面，包在细胞原生质体的外部，是植物细胞所特有的结构，由初生壁、次生壁、中胶层3层组成。在光学显微镜下，一般只能看到一层，它的主要成分是纤维素、半纤维素和果胶质。

②细胞质　贴附于细胞壁的内侧，光学显微镜下为半透明的液态基质。

③细胞核　在幼嫩细胞中位于细胞的中央；在成熟细胞中，中央大液泡的形成导致细胞核和细胞质一起被挤向细胞壁一侧。细胞核常呈扁圆形，核内有一至多个核仁。

④液泡　在细胞质中透明的部分即液泡。幼嫩细胞中不明显，成熟细胞内为中央液泡，其内含细胞液，其外有液泡膜包被。液泡中含有水、各种无机盐、色素、单宁、植物碱和有机物等。

(2) 线粒体

撕取鸭跖草叶或大葱叶的内表皮一小块，置于载玻片上，加一滴0.25%碱性紫染色，1～2 min后冲洗除去染色剂，加蒸馏水完成制片并在高倍物镜下观察，可见到一些微小的颗粒被染成紫色，这些在做布朗运动（微粒所做的永不停息的无规则运动）的颗粒即为线粒体。

(3) 原生质流动

原生质流动是细胞的一种生命活动现象，普遍存在于生活的植物细胞中。常用的材料为水生被子植物的沉水叶，其叶片大部分由两层细胞组成，而且细胞质中含有大量叶绿体，是观察原生质流动的理想材料。取黑藻植株上一片完整的叶，截取时应注意尽可能不损伤叶片，将其放在滴有蒸馏水水滴的载玻片上，加盖玻片。

①细胞间隙　在显微镜下观察，先在低倍物镜（10×）下仔细观察叶片各部分的结构。认清叶脉、叶片和叶的边缘。特别要注意的是两层叶肉细胞之间常可看到有窄长形的管道，这就是细胞间隙。细胞间隙是由细胞壁中层果胶质分解裂开形成的，在其中贮存着光合作用与呼吸作用过程中释放出来的气体，因而在显微镜下常呈黑色。

②在观察细胞结构的同时，会发现有些细胞内的叶绿体在不断地移动。它们常沿着细胞的一侧向同一个方向移动，这就是原生质流动的现象。如果在观察的视野中看不到原生质流动，可用低倍物镜观察寻找有原生质流动的细胞（主要以叶绿体的移动来证实原生质流动）。如果还找不到，可换另一片生长良好的叶片重新观察。

(4) 质体

质体是植物细胞特有的，合成和积累同化产物的细胞器。质体的形状、大小及所含的色素，往往随着植物种类、器官和外界条件的不同而不同。根据色素的不同，质体分成3种类型。

①白色体 撕取黄豆芽茎表皮(或紫鸭跖草幼嫩叶表皮、新鲜萝卜细胞)制成装片,观察可见细胞核周围分布较多的颗粒,即白色体。

②叶绿体 取新鲜菠菜(或黑藻叶片、葫芦藓拟茎叶),用镊子撕去表皮,用干净的刀片刮取少许叶肉,放在载玻片中央的蒸馏水水滴中制成临时装片,观察可见细胞中有许多绿色的椭圆形颗粒,即叶绿体。

③有色体 取成熟的番茄(或红辣椒)果实,用针从果皮下挑取一小块果肉制成装片,观察可看到果肉薄壁细胞的细胞质中呈现橙红色的即为有色体,其形状各异(圆形、纺锤形、多边形等)。

(5)胞间连丝

取柿胚乳横切面永久制片在低倍物镜下观察,可以看到柿胚乳组织是由许多厚壁细胞组成。这些细胞壁非常厚,约占细胞直径的一半。其加厚壁主要由半纤维素组成,是一种贮藏物质。中央是已被染成蓝黑色的原生质体,也有些细胞的原生质体在制片过程中脱落,只剩下细胞壁和中央的空腔。选择细胞切面整齐的部分(有些部分的细胞排列不整齐而被切歪,这些切面不易看清细胞壁上的胞间连丝)移到视野的中央,转换高倍物镜仔细观察,在厚厚的细胞壁上的平行细丝即为胞间连丝。

(6)纹孔

取梨果肉横切面永久制片观察。石细胞群被染为红色,在厚厚的次生壁上有局部未加厚处,即为纹孔。在高倍物镜下可看到相邻的细胞壁上,在相应的位置也没有次生壁加厚,因而形成纹孔对。

(7)细胞壁的次生变化

由于环境的影响和细胞在植物体内机能的不同,在形成次生壁时,原生质体常分泌不同性质的化学物质填充在细胞壁内,与纤维素密切结合而使细胞壁的性质发生各种变化。

①木质化 取蚕豆等草本植物的老茎做横切徒手切片,放在载玻片上,先加一滴盐酸浸透细胞 2~3 min,除去多余的盐酸,再加一滴间苯三酚溶液(50%的乙醇溶液),最后加盖玻片,在显微镜下观察。可见有些厚壁细胞群的细胞壁着红色,这是在酸性环境中木质素与间苯三酚起的红色反应。

②角质化 取蚕豆老茎、番茄茎或向日葵茎做横切徒手切片。加一滴苏丹Ⅲ乙醇实验试剂,染色制片镜检观察。可见茎的最外层表皮细胞的外侧壁着橘红色,这是茎表皮细胞外壁所沉积的角质素(脂肪类物质)与苏丹Ⅲ反应的结果。

③栓质化 取马铃薯块茎切成厚度 1 cm 左右的长方块,然后沿长方块的短径表面做徒手横切切片,用苏丹Ⅲ乙醇染色制片,镜检观察。可见其表面几层细胞的细胞壁着橘红色,这是细胞壁栓质素与苏丹Ⅲ反应的结果。

注意事项

1. 不要在高倍物镜下取换玻片,以免损伤镜头和玻片。
2. 为了便于染色,应将洋葱鳞片叶撕开的一面朝上放置在盖玻片上。

思考题

1. 绘图表示洋葱表皮细胞构造，并标出细胞结构名称。
2. 选择几个有代表性的黑藻叶片细胞，绘图表示细胞结构，并用箭头表示原生质流动的方向。
3. 绘图表示柿胚乳细胞的胞间连丝和梨石细胞纹孔的结构。
4. 为什么在成熟的表皮细胞中，有的细胞核位于细胞的中央？试解释其原因。
5. 植物体茎、叶、花、果实呈现不同颜色是由什么决定的？

第四节　植物细胞后含物的观察

实验目的

1. 了解植物细胞后含物的特点与分布。
2. 掌握植物细胞后含物的显微化学鉴定方法。

实验原理

后含物是细胞原生质体代谢作用的产物，它们可以在细胞生活的不同时期产生和消失，其中有的是贮藏物，有的是废物。后含物一般有糖类、蛋白质、脂肪及其有关的物质，还有结晶的无机盐和其他有机物，如丹宁、树脂、橡胶等。

实验器材与实验试剂

1. 实验器材

马铃薯块茎、菜豆种子、花生子叶、秋海棠叶柄（或天竺葵茎）、紫露草茎、印度橡胶树叶片、扁豆花瓣、美人蕉叶、紫鸭跖草叶、洋葱鳞茎、擦镜纸、载玻片、盖玻片、镊子、解剖刀、培养皿、吸水纸、光学显微镜。

2. 实验试剂

蒸馏水、二甲苯、香柏油、碘液、碘化钾和苏丹Ⅲ。

实验步骤

1. 淀粉粒

取马铃薯块茎，用解剖刀在切开的块茎表面轻轻刮一下，将附着在刀口附近的混浊汁液放在载玻片上，加一滴蒸馏水，放上盖玻片即可观察。用低倍物镜观察时，在视野中可以看到不同大小的颗粒团，选择颗粒不稠密而且互不重叠处，换用高倍物镜观察。由于淀粉粒未经染色，需要调节光圈大小和细准焦螺旋才能观察清楚。

（1）脐点

焦距对准且光圈大小合适时，可以看出椭圆形的淀粉粒有明暗交替的同心圆花纹，而且围绕着一个中心,这个中心即脐点,其不在正中央而是偏心的。

(2)淀粉粒

根据脐点和轮纹的不同有,可分为3种类型淀粉粒。

①单粒淀粉粒　只有一个脐点,围绕脐点有许多同心环,即轮纹。

②复粒淀粉粒　具有两个或两个以上的脐点,每个脐点只有各自的同心环而没有共同的同心环包围。

③半复粒淀粉粒　具有两个或两个以上脐点,在中央部分每个脐点由各自的同心环所包围,而在外围则有共同的同心环。

(3)染色鉴定

观察后用碘-碘化钾溶液染色。所用染料不宜浓度过高,否则会将淀粉粒染为蓝黑色,不利观察。浓度适宜的染料可把淀粉粒染为浅蓝色,其同心圆结构清晰可见。染色时不必移除盖玻片,可在载玻片上沿盖玻片的一侧边缘加一滴染料,使其与盖玻片下的蒸馏水相接触,然后在盖玻片另一侧的边缘用吸水纸将盖玻片内多余的水分吸去,即可染色。

2. 蛋白质

贮藏蛋白质一般以糊粉粒的形式存在。取一粒菜豆种子,剥去种皮,对含有丰富贮藏物质的肥厚子叶做徒手切片,放入盛有蒸馏水的培养皿中。用镊子选取较薄的切片放在载玻片上,加蒸馏水及盖玻片即可进行观察。先用低倍物镜,选择切片较薄的地方,移至视野的中央。观察菜豆子叶的结构,可看到它们是由许多薄壁细胞组成的,细胞中充满贮藏物质,且在细胞内部有大小不等的颗粒。

①大的颗粒上可以看到与马铃薯块茎的淀粉粒相似的同心环花纹,这些就是菜豆的淀粉粒。这些淀粉粒与马铃薯淀粉粒并不完全相同,它们的脐点位于中心,并在中央部分有裂隙,因此很容易与马铃薯淀粉粒相区分。

②较小的看不到同心环结构和中央裂隙的颗粒就是糊粉粒,在糊粉粒中可以看到圆形的或晶体的结构。用组织化学方法则更容易区分淀粉粒和糊粉粒,即加一滴碘-碘化钾溶液于盖玻片的一侧,在另一侧用吸水纸吸去多余水分完成染色,显微镜下观察时,淀粉粒被染为蓝紫色,而糊粉粒则被染为金黄色。

3. 脂肪(油滴)

取花生子叶作横切制片,加一滴苏丹Ⅲ染色,可见在细胞内有许多大小不等的球形及不规则形状的橙红色的油滴即脂肪。

4. 晶体

①单晶体(晶簇)　取秋海棠叶柄(或天竺葵茎)做横切徒手切片,在显微镜下观察,可见其基本组织细胞中常有单晶体或晶簇。

②针晶　取紫露草茎做徒手切片,放入盛蒸馏水的培养皿中。用镊子选一薄切片放在载玻片上,加蒸馏水及盖玻片,在低倍物镜下观察。可以看到在较大的细胞中以及在切片附近的蒸馏水中有针形的结晶,这就是针晶。换高倍物镜仔细观察,会发现有些针晶的长度大于它所存在的细胞的直径。

③钟乳体　取印度橡胶树叶片做徒手切片,放入盛蒸馏水的培养皿中。用镊子选一薄切

片放在载玻片上,加蒸馏水及盖玻片进行观察。观察时注意在排列整齐的叶肉细胞(内含许多叶绿体,很易辨认)中间有较大而发亮的空腔,有些空腔中可看到有椭圆形不透明的结构,即为钟乳体。选一较典型的钟乳体,移到视野中央,在高倍物镜下,调整光圈,利用细准焦螺旋,即可从不同的"光切面"了解钟乳体的结构。

5. 花青素

①将扁豆花瓣平铺在载玻片上,用刀片刮去下表皮和部分薄壁组织,将剩下的部分装片,在显微镜下观察,可见其薄壁细胞内的细胞液呈红色,即细胞液中花青素显现的颜色。

②取美人蕉叶或紫鸭跖草叶表皮制片观察,液泡呈现的颜色即为细胞中花青素存在所致。

③取洋葱鳞茎,选择 1 片鳞叶,在其外表面紫色较深处用刀片刻划出 5 mm×5 mm 的小方格,用镊子撕取一小块表皮,放在载玻片中央的蒸馏水水滴中,盖上盖玻片,直接置于显微镜下观察,可发现洋葱细胞的花青素呈淡紫色,均匀地溶解于细胞液中。

📢 **注意事项**

在显微镜下鉴定淀粉粒的一个重要操作是消光。高倍物镜下降低亮度观察淀粉粒时,可以看到淀粉粒的脐和围绕着它的偏心轮纹。

🚩 **思考题**

1. 绘 3 种类型的淀粉粒图,并引线标明。
2. 绘菜豆种子糊粉粒结构图。
3. 绘钟乳体结构图。
4. 植物细胞后含物中的贮藏物质与细胞中的生理活性物质的存在状态有何不同?这种差异的意义是什么?
5. 为什么有些针晶的长度大于它所在的细胞直径?

第五节　植物细胞的增殖

🔍 **实验目的**

1. 了解植物细胞增殖方式。
2. 掌握植物细胞有丝分裂的特征。
3. 了解植物细胞无丝分裂现象。
4. 了解植物细胞减数分裂的特点。

📷 **实验原理**

1. 光学显微镜成像原理

同第一章第三节。

2. 植物细胞的增殖

植物细胞的增殖方式包括有丝分裂、无丝分裂和减数分裂。

实验器材与实验试剂

1. 实验器材

洋葱根尖永久制片、百合根尖永久制片、洋葱幼根根尖、鸭跖草或大蒜幼苗叶鞘表皮临时制片、甜酒汁、玉米减数分裂制片、擦镜纸、载玻片、盖玻片、镊子、解剖刀、解剖针、酒精灯、光学显微镜。

2. 实验试剂

蒸馏水、醋酸、无水乙醇、盐酸、醋酸洋红溶液、苯酚-品红溶液等。

实验步骤

1. 植物细胞有丝分裂的观察

取洋葱或百合根尖永久制片，在显微镜下(10×)观察，将分生区移至视野中央，换高倍物镜仔细观察。在低倍物镜观察时可以根据染色体的分布情况及细胞核的变化(核仁、核膜是否消失等)，大致了解分生区中细胞分裂情况。

观察时可参考教科书和有丝分裂的照片，掌握细胞分裂过程中各个时期的特征，并在显微镜下识别出每一个分裂时期。

观察制片以后，用刀片截取已培养好的洋葱鳞茎长出的幼根根尖(其长度以 5 mm 为宜)。截取下的根尖放入醋酸-无水乙醇(1：3)固定液中固定 15~30 min。然后用 95%乙醇洗净醋酸，移入 70%乙醇中，再用水冲洗后转入 1 mol/L 盐酸中。在 60℃下水解 10 min 后，水洗 1~2 次即可压片观察。

压片时，取已处理好的根尖放在载玻片上。用解剖刀或解剖针，把根尖自伸长区以上部分切去，只剩下 1~2 mm。滴一滴醋酸洋红溶液染色，约 10 min 根尖即可染为暗红色，或放在酒精灯上略微加热，这样可破坏细胞质，促进染色体的染色，但不宜过于加热，若将染料煮沸则会使细胞干缩毁坏、染料沉淀而不能观察。染色后加上盖玻片，在平坦桌面上，用大拇指按压盖玻片，使根尖细胞分散开，即可在显微镜下观察。

如用苯酚-品红代替醋酸洋红染色效果更好，苯酚-品红可把核和染色体染为红紫色，细胞质一般染不上颜色，故背景清晰。

上述方法没有经过切片，因此，每个细胞都是完整的，便于观察染色体。观察过程中要特别注意细胞分裂的中期。洋葱体细胞具有 16 条染色体，用压片法制片，可将中期的染色体压散，看出各条染色体的形态。

2. 植物细胞无丝分裂的观察

(1) 横缢式分裂

细胞核先拉长，然后在中间缢缩，最后断裂成两个子细胞核。在显微镜下观察鸭跖草或大蒜幼苗叶鞘表皮临时装片，了解植物细胞无丝分裂现象。

(2) 出芽生殖

取新鲜甜酒汁一滴制成临时装片，观察单细胞卵圆形的酵母菌出芽生殖。

3. 植物细胞减数分裂的观察

取一系列玉米减数分裂制片，高倍物镜下选择观察植物细胞减数分裂各时期特点，尤其注意前期各时期之间的区别。

注意事项

1. 保护好显微镜的镜头。
2. 旋转粗准焦螺旋不要用力过猛。
3. 载物台要保持清洁。
4. 使用低倍物镜观察。
5. 物镜不要碰到载玻片以免打碎载玻片。
6. 可移动玻片来选择较好的观察部位。
7. 注意区分盖玻片上的脏东西以及气泡。

思考题

1. 绘图表示洋葱(或百合)根尖的有丝分裂过程中各个时期的特点和染色体在细胞中的分布情况。
2. 观察植物细胞的有丝分裂应选择根尖的什么部位最好？为什么？
3. 列表比较细胞有丝分裂和减数分裂的异同点。
4. 请尝试观察各条染色体的着丝点的部位和形状，能否看到具有随体的染色体？

第六节　植物组织的结构观察

实验目的

1. 掌握植物各组织的形态结构特点。
2. 观察分析气孔器的结构特征。

实验原理

表皮细胞是长形的，侧壁与叶片的长轴平行，细胞核可被染成红色。表皮上还有许多表皮毛，叶子的上表皮毛较多，因表皮毛较长，要看清其全貌，就要调节细准焦螺旋。在两个大的表皮细胞之间，有两个较小的细胞，其中一个略大些的为栓质细胞，另一个为硅质细胞。表皮上的气孔呈一纵行排列，两个保卫细胞呈哑铃状，旁边有两个副卫细胞呈三角状，保卫细胞比副卫细胞小。

从表皮向内有木栓层、木栓形成层和栓内层，其层内细胞都是扁平的。木栓层在横切面上排列整齐，层内细胞细胞壁较厚，并栓质化，染色较深，径向壁被挤得弯曲。

在周皮上还有皮孔与外界相通，用肉眼观察枝条时，皮孔为一个小点。皮孔是周皮的一部分，这个部位的木栓形成层细胞比它两侧的木栓形成层细胞更为活跃，细胞分裂快，分裂的细胞多，这些木栓细胞呈圆形，有很大的细胞间隙。最初形成的皮孔出现在气孔位置的里面，由于这些木栓细胞形成的多，向外挤压，使其外面的木栓层及表皮破裂，形成皮孔。皮孔为喇叭口状，这些木栓细胞被称为"补充细胞"。

厚壁组织在南瓜茎中是纤维，由 2~3 层细胞连成一圈，又称环管纤维。在低倍物镜下观察南瓜茎横切面的永久制片，可清楚地看到一圈，在高倍物镜下可见到厚壁组织的细胞壁均匀加厚，细胞间隙小，壁木质化，在细胞腔内见不到活的原生质体，因此是死细胞。厚壁组织的细胞在纵切面呈纺锤状结构。

实验器材与实验试剂

1. 实验器材

小麦叶、蚕豆叶、接骨木枝条、椴树茎、马铃薯块茎、夹竹桃叶、芹菜叶柄、蓖麻茎、葡萄茎、桂花叶、柑橘果皮、幼嫩松茎、薰衣草花萼等、洋葱根尖纵切面永久制片、椴树茎横切永久制片、小麦叶表皮永久制片、接骨木茎的永久制片、睡莲叶横切面永久制片、梨果肉横切面永久制片、南瓜茎横切面永久制片、南瓜茎纵切面永久制片、擦镜纸、载玻片、盖玻片、镊子、解剖刀、吸水纸、光学显微镜。

2. 实验试剂

蒸馏水、二甲苯、香柏油、碘液、5%番红、苏丹Ⅲ、苏丹Ⅳ、间苯三酚、1 mol/L 盐酸等。

实验步骤

1. 分生组织

取洋葱根尖纵切面永久制片进行观察。分生组织在根冠中仅长 1~2 mm，由排列紧密的小型多面体细胞组成。细胞壁薄、核大、质浓，属分生组织，包括原生和初生分生组织。细胞分裂能力很强，在切片中可见有丝分裂。

2. 保护组织

(1) 小麦叶的表皮

取新鲜小麦叶，放在载玻片上，一手压住叶片的一端，另一手用刀片轻轻地刮，刮掉一面的表皮、内部的叶肉组织和叶脉，剩下另一面透明无色的表皮；用刀片截取刮好的一段表皮放到另一张有一滴蒸馏水的载玻片上，滴一滴 5%番红染液，加盖玻片，3~5 min 后，用吸水纸吸去多余的染液，再滴一滴蒸馏水，在显微镜下观察。或者取小麦叶表皮永久制片在显微镜下观察。

(2) 蚕豆叶下表皮

取蚕豆叶，将其背面向上，用镊子撕取下一小块表皮，做成临时装片，在显微镜下观察。可见表皮细胞彼此相互镶嵌，侧壁呈波浪状，排列紧密无胞间隙，细胞中具有无色透明的细胞质及圆形的细胞核。在表皮细胞之间分布着许多气孔器，选择一个较清晰的气孔器，转换高倍物镜仔细观察，可发现它由两个肾形保卫细胞和气孔缝组成(无副卫细胞)，注意观察保卫细胞初生壁的特点和内含的叶绿体。

(3) 接骨木的周皮

取接骨木枝条，用刀片做横切片(需带有树皮的部分)。将切好的切片放在有蒸馏水的培养皿中,再挑选较薄的切片放在载玻片上的蒸馏水水滴中,加盖玻片后,在显微镜下观察。表皮以内是多层排列整齐的扁平细胞组成的木栓层;用苏丹Ⅲ染色,能使这些细胞的细胞壁呈现红色,这是木栓质渗入细胞壁的标志;木栓层以内是一层木栓形成层和一层栓内层。也可直接取接骨木茎的永久制片,在显微镜下观察。

(4) 椴树茎的周皮

取椴树茎横切永久制片,在显微镜下观察。可见周皮由数层扁平细胞组成,包括木栓层(死细胞)、木栓形成层与栓内层。其中,木栓层属于次生保护组织,木栓形成层属于侧生分生组织,栓内层属于基本组织。在局部区域木栓形成层向外分裂产生薄壁细胞,形成次生通气组织——皮孔。

3. 基本组织

(1) 贮藏组织

取马铃薯块茎徒手切片,选取较薄的切片放在载玻片上,加一滴蒸馏水后盖上盖玻片,在显微镜下观察淀粉贮藏细胞的结构特点。

(2) 同化组织

取夹竹桃叶制成临时装片,在显微镜下观察,了解叶肉栅栏组织和海绵组织等同化组织的结构和功能特点。

(3) 通气组织

取睡莲叶横切面永久制片,在显微镜下观察。可见其具有大的空腔(气腔),即具有通气作用的通气组织。

4. 机械组织

(1) 芹菜叶柄的厚角组织

取芹菜叶柄进行徒手切片,放在载玻片上的蒸馏水水滴中,加盖玻片,在显微镜下观察。在芹菜叶柄横切面上,可看到分布在叶柄外围突起的棱角处的厚角组织。厚角组织细胞根据下面两个特征识别:一是它们的细胞具有珠光壁,在显微镜下很易与其他细胞区别;二是细胞壁在角隅处加厚,看起来似星芒状结构。其中,灰暗色的"洞穴"是细胞腔,里面充满原生质体。

观察后用间苯三酚和盐酸处理切片,处理时先用镊子取下盖玻片,加一滴 1 mol/L 盐酸,过 1~2 min 再加一滴间苯三酚,盖上盖玻片,用吸水纸吸去多余液体后,即可在显微镜下观察。若看不到颜色反应,说明它们的细胞壁虽然加厚,但未木质化。

(2) 蓖麻茎的纤维

取蓖麻茎解离材料少许制片观察,纤维细胞为长梭形,细胞壁显著增厚,只剩下纹孔和窄小的细胞腔,原生质体消失。

(3) 葡萄茎的纤维

取葡萄茎解离材料制片,可观察到许多被染成红色的长梭形木纤维细胞,其细胞壁为全部加厚的次生壁,并大多木质化。

(4) 南瓜茎的厚角组织和厚壁组织

低倍物镜下观察南瓜茎横切面的永久制片,可见厚角组织是成束的细胞群,出现于正在生长伸长的器官(茎、叶柄)中,因而不影响器官的伸长,又能起到支持作用。厚角组织的细胞壁不木质化，壁的加厚为不均匀加厚。

(5) 梨果肉的石细胞

取梨果肉横切面永久制片在显微镜下观察。可见在基本组织中，分布有由多个等径的石细胞组成的石细胞群，石细胞呈多边形或近圆形，细胞壁明显增厚，壁上有分枝纹孔，细胞腔小。

(6) 桂花叶的石细胞

取桂花叶做徒手切片，切好后放入盛蒸馏水水的培养皿中，用镊子选一薄切片，置载玻片中央的蒸馏水水滴中，加盖玻片，在显微镜下观察。可见石细胞为长柱形，两端有少数分枝，与栅栏组织细胞平行排列；有的石细胞很大，横贯叶肉中，与上、下表皮相接触。

观察后用镊子取下盖玻片，加一滴 1 mol/L 盐酸，过 1~2 min 再加一滴间苯三酚，盖上盖玻片，用吸水纸吸去多余的液体，即可在显微镜下观察到其木质化加厚壁染为紫红色，极易与叶肉组织细胞区分。

5. 输导组织

取南瓜茎永久制片，先用肉眼观察。在其横切面上，可见 5~7 个维管束排列成环状。随后在显微镜下仔细观察其中一个维管束。占据维管束中部的是木质部（染成红色），维管束外侧为外韧皮部，内侧为内韧皮部（皆染成绿色）。木质部内有管径大小不等的圆孔，为导管的横切面。注意大、小导管的位置和分布。

在内外韧皮部可见筛管横切面为多边形的薄壁细胞，有的筛管可见筛板。筛板上有许多小孔，即筛孔。在筛管旁边有呈三角形或四边形的较小的薄壁，即伴胞。

再观察南瓜茎纵切面，在木质部可见导管分子的横壁消失，彼此相连呈筒状。导管管壁有环纹、螺纹、梯纹、网纹和孔纹等不同程度的木质化，注意各种导管的排列位置及管径大小的变化。

6. 分泌结构

(1) 分泌腔

取柑橘果皮肉眼可见的发亮小点做徒手切片，观察分泌腔。可见大量的分泌物贮藏在腔穴中。

(2) 树脂道

取幼嫩松茎制作横切片，可见其中有许多较大的圆孔，圆孔周围有一圈较小、排列整齐且紧密的细胞，这个圆孔即为分泌树脂的树脂道。

(3) 腺毛

取正在开花或尚未开花的薰衣草花萼，做徒手横切片并进行观察。在萼片外侧的表皮上（因花萼联合为筒状）有许多细胞具分枝的表皮毛，同时还可看到多细胞的腺毛。这些腺毛分头部与柄两部分，头部由 5~8 个细胞组成，柄由 1 个或 2 个细胞构成。

在成熟的腺毛细胞中，挥发性芳香油积聚在细胞顶端壁与角质层之间，很容易看清楚。将花萼纵切，使其外侧表皮向上，平铺在滴有蒸馏水的载玻片上，加盖玻片。在低倍物镜下观察，分枝的表皮毛密密丛生，在表皮毛的下面可以看到腺毛，从顶面观察，腺毛头部由几个细胞组成，每个细胞呈三角形，其外面的边缘为弧形，几个细胞呈放射状排列；用高倍物镜观察，转动细准焦螺旋，能隐约见到下面的柄细胞。成熟腺毛的膨大角质层呈半月形。

为了观察清楚，可用苏丹Ⅲ染色或苏丹Ⅳ染色，挥发性的芳香油可被染为橙红色，角质层与细胞壁的界限更清楚。观察的同时，用手摸一摸薰衣草的叶子或花萼，闻一闻手指，会嗅到有一种芳香气味。

注意事项

同第一章第五节。

思考题

1. 绘小麦叶表皮的细胞图，标出表皮细胞、栓质细胞、硅质细胞、保卫细胞及副卫细胞。
2. 绘蚕豆叶表皮的结构图，标出结构名称，观察保卫细胞初生壁的特点和内含的叶绿体。
3. 绘接骨木的周皮，标出木栓层、木栓形成层及栓内层。
4. 绘椴木的周皮，标出结构名称。
5. 绘制通气组织横切面，并标出名称。
6. 绘芹菜叶柄厚角组织横切面图，表示细胞壁加厚情况。
7. 绘南瓜茎的厚角组织和厚壁组织。
8. 绘制石细胞(梨果肉、桂花叶片)示意图。
9. 画南瓜茎横切面的轮廓图，绘导管(至少两种)、筛管和伴胞，并标明各部分名称。
10. 厚角组织与厚壁组织的区别表现在哪些方面？分析其结构与功能的关系。
11. 观察说明南瓜茎的导管有几种类型，说明各类型导管的管径大小和次生壁的加厚方式。
12. 比较各种成熟组织的细胞形态、特征、功能和在植物体中分布等方面的异同。

第二部分

树木代谢生理研究技术

第二章　树木的水分代谢

第一节　含水量的测定

实验目的

掌握植物含水量的测定方法。

实验原理

植物组织含水量是表示植物组织水分状况的一个常用指标。对于正常生长的组织，含水量的多少直接影响植物的生长状况；对于水果、蔬菜等，含水量的多少对品质有着很大的影响；对于贮藏中的种子，含水量的多少对能否安全贮藏起着决定性的作用。所以，对植物组织含水量进行测定，具有理论意义与重要的实践意义。

植物组织的含水量常用水分含量占鲜重或干重的百分比来表示。在研究水分生理时，相对含水量与水分饱和亏也是常用的水分生理指标。

测定植物组织的鲜重(FW)、干重(DW)、饱和鲜重(SFW)后，用式(2-1)至式(2-4)计算以上几个生理指标：

$$组织含水量(占鲜重\%) = (FW-DW)/FW \times 100 \qquad (2\text{-}1)$$
$$组织含水量(占干重\%) = (FW-DW)/DW \times 100 \qquad (2\text{-}2)$$
$$组织相对含水量(RWC\%) = (FW-DW)/(SFW-DW) \times 100 \qquad (2\text{-}3)$$
$$组织水分饱和亏(WSD\%) = (1-RWC) \times 100 \qquad (2\text{-}4)$$

实验器材

八角金盘、大叶黄杨等植物材料，千分之一天平、烘箱、干燥器、剪刀、搪瓷盘、塑料袋、纸袋和吸水纸等。

实验步骤

1. 鲜重测定

迅速剪取植物材料，装入已知重量的容器(或塑料袋)中，带入室内，用天平称取鲜重。

2. 干重测定

烘箱于100~105℃提前预热。把称过鲜重的植物材料装入纸袋中，放入烘箱内，100~105℃杀青10 min，然后把烘箱的温度降到70~80℃，烘至恒重。取出纸袋和材料，放入干燥器中冷却至室温，称其干重。

3. 饱和鲜重测定

将称过鲜重的植物材料浸入水中，数小时后取出，用吸水纸吸干表面水分，立即称重；再次将该植物材料放入水中浸泡一段时间后取出，吸干表面水分，称鲜重，直到两次称重的结果基本相等，最后的结果即为饱和鲜重。若事先已知达到水分饱和所用的时间，则可一次取得饱和鲜重的测量定值。

4. 计算

取得以上数据后，按式(2-1)至式(2-4)计算组织含水量、组织相对含水量以及组织水分饱和亏。

注意事项

本实验用到的烘箱属于大功率高温设备，使用时应注意以下事项：

1. 不可在烘箱加热状态下取放样品，需在确保加热关闭状态下取放样品。
2. 放置样品时，上下四周应留存一定空间，保持箱内气流畅通。
3. 箱内底部加热丝上置有散热板，不可将样品放置其上，以免影响热量上流导致热量积累。
4. 含易燃易爆等有机挥发性溶剂或助剂禁止放入箱内。
5. 设置温度不可超过额定温度。
6. 数显温度需正常指示，若有不显示或出现闪烁、跳跃等异常需及时关闭电源并联系仪器负责人。
7. 取样时应缓慢打开箱门，切勿在高温状态下快速开启箱门。
8. 取样时避免头部正对箱门开口，须待箱内热量散失 10 s 后方可取样。
9. 烘箱内样品按时取走，保证烘箱内无样品残留，且废弃样品不可随手弃置于烘箱周围。
10. 取样完毕后，及时关闭箱门。

思考题

测含水量时为什么对叶片进行杀青？

第二节 水势的测定

将植物组织分别放在一系列浓度梯度的溶液中，当找到某一浓度的溶液与植物组织之间水分保持动态平衡时，则可认为此植物组织的水势等于该溶液的水势。溶液的浓度已知，因此，可以根据公式算出其渗透压，取其负值，则为溶液的渗透势(Ψ_s)，即代表植物组织的水势(Ψ_w)。

水势与渗透势的测定方法可分为三类：第一类是液相平衡法，包括小液流法、重量法测水势，质壁分离法测渗透势；第二类是压力平衡法(压力室法)测水势；第三类是气相平衡法测水势，包括热电偶湿度计法、露点法等。下面针对小液流法与露点法进行介绍。

(一) 小液流法

实验目的

了解小液流法测定植物组织水势的方法。

实验原理

水势表示水分的化学势，像电流由高电位处流向低电位处一样，水也会从水势高处流向低处。植物体细胞之间、组织之间以及植物体和环境间的水分移动方向都由水势差决定。

当植物细胞或组织置于外界溶液中时，若植物组织的水势小于溶液的渗透势（溶质势），则组织吸水而使溶液浓度变大；若植物组织的水势大于溶液的渗透势，则组织水分外流而使溶液浓度变小；若植物组织的水势与溶液的渗透势相等，则二者水分保持动态平衡，外部溶液浓度不变，溶液的渗透势即等于所测植物的水势。可以利用溶液的浓度不同、其比重也不同的原理来测定试验前后溶液的浓度变化，然后根据公式计算渗透势。

实验器材与实验试剂

1. 实验器材

八角金盘、大叶黄杨等植物组织叶片，试管、微量注射器、镊子、打孔器和垫板。

2. 实验试剂

0.05、0.10、0.15、0.20、0.30 mol/L 蔗糖溶液，甲烯蓝溶液。

实验步骤

①取 5 支干燥洁净的试管为甲组，标记 1~5，各支中分别加入 0.05、0.10、0.15、0.20、0.30 mol/L 蔗糖溶液 5 mL。另取 5 支干燥洁净的试管为乙组，标记 1′~5′，各试管中分别加入 0.05、0.10、0.15、0.20、0.30 mol/L 蔗糖溶液 2 mL。

②取待测样品的功能叶数片，用打孔器打取小圆片约 50 片（避开叶脉），混合均匀。用镊子分别夹 10 个小圆片到乙组试管中，并使叶圆片全部浸没于溶液中，放置 30~60 min，为加速水分平衡，应经常摇动试管。

③到时间后，在乙组试管中加入甲烯蓝溶液 1~2 滴，并用微量注射器取各试管糖液少许，将注射器插入对应浓度甲组试管溶液中部，小心地释放一滴蓝色溶液，并观察蓝色液流的升降动向。

若蓝色液流上升，说明浸过小圆片的蔗糖溶液浓度变小（即植物组织失水），表明叶片组织的水势高于该浓度糖溶液的渗透势；如果蓝色液流下降则说明叶片组织的水势低于该糖溶液的渗透势；若蓝色液流静止不动，则说明叶片组织的水势等于该糖溶液的渗透势，此糖溶液的浓度即为叶片组织的等渗浓度。

④记录液流不动的试管中蔗糖溶液的浓度。如无，则以小液流向上、向下移动的两个临界浓度的平均值代入式(2-5)计算组织的水势。

$$\Psi_w = \Psi_s = -CRTi \tag{2-5}$$

式中：Ψ_w——植物组织的水势(MPa)；
Ψ_s——溶液的渗透势；
C——等渗溶液的浓度(mol/L)；
R——气体常数[0.008 314 L·MPa/(mol·K)]；
T——绝对温度，单位为 K，即 273℃+t，t 为实验温度；
i——解离系数(蔗糖=1，氯化钙=2.60)。

📢 **注意事项**

1. 所取植物材料部位、组织大小要一致，不要取有伤口的叶片。
2. 蔗糖溶液用前要摇匀，因为长时间放置的蔗糖溶液会分层，影响实验结果。
3. 微量注射器的针头从试管抽出时要缓慢，以免溶液振动，影响蓝色液流的运动。

思考题

1. 测定同一植物上部及下部叶片的水势有何差别？
2. 了解测定植物组织水势的其他方法，并简单描述其中一种。

（二）露点法

实验目的

了解露点法测定植物组织水势的方法。

实验原理

将叶片或组织汁液密闭在体积很小的样品室内，经一定时间后，样品室内的空气和植物样品将达到温度和水势的平衡状态。此时，气体的水势（以蒸气压表示）与叶片的水势（或组织汁液的渗透势）相等。因此，只要测出样品室内空气的蒸气压，便可知植物组织的水势（或汁液的渗透势）。由于空气的蒸气压与其露点温度具有严格的定量关系，露点微伏压计便通过测定样品室内空气的露点温度而得知其蒸气压。该仪器装有高分辨能力的热电偶，热电偶的一个结点便安装在样品室的上部。测量时，首先给热电偶施加反向电流，使样品室内的热电偶结点降温（Peltier 效应），当结点温度降至露点温度以下时，将有少量液态水凝结在结点表面，此时切断反向电流，并根据热电偶的输出电位记录结点温度变化。开始时，结点温度因热交换平衡而很快上升；随后，因表面水分蒸发带走热量，其温度会保持在露点温度，呈现短时间的稳衡状态；待结点表面水分蒸发完毕后，其温度将再次上升，直至恢复原来的温度平衡。记录下稳衡状态的温度，便可将其换算成待测样品的水势或渗透势。

实验器材

八角金盘、大叶黄杨等植物组织叶片和露点微伏压计。

露点微伏压计：通常使用美国 Wescor 公司生产的 HR-33-T 型露点微伏压计如图 2-1 所示，该微伏压计实际上就是一个精密的电位计，能准确测出热电偶两端点温度差异而产生的

图 2-1　HR-33-T 型露点微伏压计

细微的电位变化。仪器配套的 C-52 和 L-51 型样品室的基本结构均为一个灵敏的热电偶和一个铝合金制的隔热性良好的叶室。前者用于离体叶片水势测定，后者主要用于活体测定。

实验步骤

①将样品室擦干，其探头可用吹风机吹干，不能有任何水分。放在干燥恒温的环境中平衡几分钟。

②连接或拔出探头时，应始终把 FUNCTION 开关置于 SHORT 档位上。把探头插入主机相应的接口，测定温度时，把 ℃/μV 开关置于℃的档位。

③FUNCTION 开关仍在 SHORT 档位上。如果使用探头的 Πv 值是已知的，按下 Πv 按钮，调节 ΠvSET 旋钮使表头指针达到已知的 Πv 值。

④将样品放入样品室，给其足够的平衡时间（平衡时间根据样品水势的高低和使用环境具体确定）。

⑤将 RANGE（量程）旋钮调至预期的档位上，FUNCTION 旋钮调至 READ 档位上，调节 ZERO OFF SET 旋钮使指针读数为零。

注意事项

1. 样品水势不同，所需平衡时间不同，样品水势越低，所需平衡时间越长。如正常供水的小麦叶水势为-0.32 MPa，平衡时间为 50~60 min；而严重干旱的小麦叶水势为-2.27 MPa，平衡时间需 2 h 以上。平衡时间过短，不能测出正确结果；平衡时间太长，也会造成实验误差。

2. 一般认为叶圆片边缘的水分散失和离体期间的淀粉水解会造成一定的测量误差，但只要合理取样并迅速将叶圆片密封到样品室中，就可以把误差减少到最小。

3. 在使用 C-52 样品室时，切勿将样品放得高出样品室小槽。测定完毕后，一定要将样品室顶部的旋钮旋起足够高后才可将样品室的拉杆拉出，否则将损伤热电耦。

4. 仪器长期闲置后，重新使用时须将电池充电 14~16 h。

思考题

样品放入样品室后，为什么要给足够的平衡时间？

第三节　渗透势的测定

实验目的

掌握渗透式测定的方法。

实验原理

当植物组织细胞内的汁液与其周围的某种溶液处于渗透平衡状态,植物细胞内的压力势为零时,细胞汁液的渗透势就等于该溶液的渗透势。该溶液的浓度称为等渗浓度。

当用一系列浓度梯度溶液观察细胞质壁分离现象时,细胞的等渗浓度将介于刚刚引起初始质壁分离的浓度和尚不能引起质壁分离的浓度之间的溶液浓度。代入公式即可计算出渗透势。

实验器材与实验试剂

1. 实验器材

洋葱鳞片、紫鸭跖草、苔藓、红甘蓝、黑藻、丝状藻、蚕豆、玉米、小麦等植物组织(叶片)、光学显微镜、载玻片及盖玻片、镊子和刀片。

2. 实验试剂

0.50~0.10 mol/L 共9个梯度浓度的蔗糖溶液各50 mL:称取34.23 g 蔗糖用蒸馏水配成100 mL,其浓度为1 mol/L(母液)。再配制成0.50 mol/L(母液25.0 mL+蒸馏水25.0 mL)、0.45 mol/L(母液22.5 mL+蒸馏水27.5 mL)、0.40 mol/L(母液20.0 mL+蒸馏水30.0 mL)、0.35 mol/L(母液17.5 mL+蒸馏水32.5 mL)、0.30 mol/L(母液15.0 mL+蒸馏水35.0 mL)、0.25 mol/L(母液12.5 mL+蒸馏水37.5 mL)、0.20 mol/L(母液10.0 mL+蒸馏水40.0 mL)、0.15 mol/L(母液7.5 mL+蒸馏水42.5 mL)和0.10 mol/L(母液5.0 mL+蒸馏水45.0 mL)。

实验步骤

将带有色素的植物组织(叶片),一般选用有色素的洋葱鳞片的外表皮,紫鸭跖草、苔藓、红甘蓝或黑藻、丝状藻等水生植物,也可用蚕豆、玉米、小麦等作物叶的表皮。撕取表皮,迅速分别投入各浓度梯度的蔗糖溶液中,使其完全浸入,5~10 min 后,从0.50 mol/L 浓度的蔗糖溶液开始依次取出表皮薄片放在滴有同样溶液的载玻片上,盖上盖玻片,于低倍物镜下观察,如果所有细胞都产生质壁分离的现象,则取低一级浓度梯度蔗糖溶液中的表皮薄片制片作同样观察,并记录质壁分离的相对程度。实验中必须确定一个引起半数以上细胞原生质刚刚从细胞壁的角隅上分离的浓度,和不引起质壁分离的最高浓度。

在找到上述浓度极限时,用新的溶液和新鲜的叶片重复几次,直至有把握确定为止。在此条件下,细胞的渗透势与两个极限溶液浓度平均值的渗透势相等。结果可记录于表2-1。

测出刚引起质壁分离的蔗糖溶液最低浓度和不能引起质壁分离的最高浓度平均值之后,可按式(2-6)计算在常压下该组织细胞质液的渗透势。

$$-\varphi_s = RTiC \tag{2-6}$$

式中:$-\varphi_s$——细胞渗透势;

R——气体常数[0.008 314 L·MPa/(mol·K)];

T——绝对温度,单位K,即273℃+t,t为实验温度;

表 2-1　不同浓度蔗糖溶液的渗透势及质壁分离相对程度

实验人＿＿＿＿＿　时期＿＿＿＿＿　材料名称＿＿＿＿＿＿　实验时室温＿＿＿＿℃

蔗糖摩尔浓度(mol/L)	渗透势(Pa)	质壁分离的相对程度(作图表示)
0.50		
0.45		
0.40		
0.35		
0.30		
0.25		
0.20		
0.15		
0.10		

　　i——解离系数，蔗糖为1；
　　C——等渗溶液的浓度(mol/L)。

注意事项

1. 观察时要在载玻片上滴一滴同浓度的蔗糖溶液。
2. 实验以紫色的洋葱为材料最易于观察到质壁分离，其他材料(如紫鸭跖草、红甘蓝)也可代替。

思考题

为什么选择有色的植物组织(叶片)会更好？

第四节　蒸腾强度的测定

实验目的

学习和了解钴纸法及称重法测定植物蒸腾强度的实验原理及方法。

（一）钴纸法

实验原理

氯化钴纸在干燥时为蓝色，当吸收水分后，变为粉红色。根据变色所需时间的长短以及钴纸标准吸水量，即可计算出植物蒸腾强度。

实验器材与实验试剂

1. 实验器材

盆栽或土壤中生长的各种植物、电子天平、烘箱、干燥器、瓷盘、镊子、剪刀、玻璃板、载玻片、薄橡皮、具塞试管、滤纸和弹簧纸夹等。

2. 实验试剂

5%氯化钴溶液：9.2 g 六水合二氯化钴用蒸馏水配成 100 mL，加几滴盐酸将 pH 值调至弱酸性。

实验步骤

1. 氯化钴纸的制备

选取优质(质地均匀、厚薄一致)的滤纸，剪成宽 1.2 cm、长 20 cm 的滤纸条，浸入 5%氯化钴溶液中，待浸透后取出，竖直沥干后，将其平铺在干燥洁净的玻璃板上，然后置于 60~80℃烘箱中烘干，置于干燥器中备用。

2. 钴纸的标准化

精确剪取面积为 1 cm² 的钴纸片 3~4 枚，准确称其烘干质量。然后将完全干燥的钴纸片(蓝色)置于天平上，让其吸收空气中水分，每隔 1 min 记重一次。当钴纸蓝色全部变为粉红色时，立即记下其质量。吸湿后的质量与干重之差即为钴纸的吸水量，重复多次计算平均值。干燥钴纸单位面积的吸水量即为钴纸标准吸水量(以 C 表示)，C 的单位为 mg/cm²。

3. 实验装置的制备

取载玻片及同面积薄橡皮(如自行车内胎橡皮)若干，在薄橡皮中央剪一个略大于 1 cm² 的小孔，然后用强力胶水固定在载玻片的一面上。

4. 测定

取载玻片 2 片，各放 1 枚干燥的蓝色钴纸片于橡皮中央的孔中，钴纸面相对，避开中脉，分别置于待测植物功能叶片的上、下表面，载玻片两端用弹簧纸夹夹紧，记下开始测定的时间，时刻注意观察钴纸的颜色变化，分别记录上、下表面钴纸由蓝色变粉红色的时间(t)(以分钟计，精确到小数点后两位)。同一植物(或不同处理之间以及同一处理的植物材料)，重复测定 3 次以上，计算均值分别通过式(2-7)求算叶片上、下表面的蒸腾强度。

5. 计算

$$蒸腾强度(蒸腾速率)[mg/(cm^2 \cdot min)] = C/t \quad (2-7)$$

本实验可选择不同植物的功能叶片或同一植物的不同部位的叶片以测其蒸腾强度，或者可测定植物在不同环境条件下的蒸腾强度。例如，测定光和暗对植物蒸腾作用的影响时，事先把一组盆栽的蚕豆、小麦或其他植物放在黑暗中若干小时，另一组放在光下，二者都要提前适当灌水，随后分别测其蒸腾强度(注：黑暗中的植物在测定时可移到实验室柔和的光线下进行)。

注意事项

1. 干燥的标准钴纸颜色必须均匀一致。

2. 制好的钴纸不要直接用手取出，取用时需用镊子。

思考题

1. 计算所测植物的蒸腾强度时，在相同的环境条件下，同一植物叶片的上、下表面的蒸腾强度有无差异？是何原因？
2. 试比较在不同条件下植物的蒸腾强度有何不同，并说明造成蒸腾强度不同的原因。

(二) 称重法

实验原理

植物蒸腾失水，质量会减轻，故可用称重法测得植物材料在一定时间内所失水量而算出蒸腾速率。植物叶片在离体后的短时间内(数分钟)，蒸腾失水不多时，失水速率可保持不变，但随着失水量的增加气孔开始关闭，蒸腾速率将逐渐减少，故此实验应快速(在数分钟内)完成。

为了快速称重，可用电子分析天平或用普通托盘天平稍加改制成为快速称重天平。

实验器材

盆栽或土壤中生长的各种植物、防风电子天平、镊子、剪刀和绳子。

实验步骤

①在待测植株上选一个20 g左右的枝条(使其在3~5 min内蒸腾失水约1 g，而失水量不超过含水量的10%)。在枝条基部缠一线以便悬挂，然后剪下立即称重，称重后记录质量(W_1)和时间(t_1)，并将枝条迅速悬挂在植株原来位置上，使其在原环境下蒸腾。5 min后(计时精确)将此枝条迅速进行第二次称重(W_2)并计时(t_2)。两次称重的差(W_1-W_2)就是在所测时间(t_2-t_1)内该枝条的蒸腾失水量。

②用叶面积仪或透明方格板计算所测枝条上的叶面积(cm^2)，按式(2-8)求出蒸腾速率：

$$蒸腾速率[mg/(cm^2 \cdot h)] = 蒸腾失水量/(蒸腾面积×测定时间) \quad (2-8)$$

③针叶树之类不便计算叶面积的植物，可于第二次称重后摘下针叶，再称枝条重，用第一次称得的质量减去摘叶后枝条重，即为针叶(蒸腾组织)的鲜重，再以式(2-9)求出蒸腾速率。

$$蒸腾速率[mg/(g \cdot h)] = 蒸腾失水量/(组织鲜重×测量时间) \quad (2-9)$$

思考题

1. 为什么在本实验中要求迅速称重，并要求把切枝放在原来位置在原环境下进行实验？
2. 试比较不同时间(晨、午、晚、夜)，不同部位(上、中、下)和不同环境(温度、湿度、风、光照)下植物的蒸腾速率。

第三章　树木的矿质代谢

第一节　TTC 法测定树木根系活力

实验目的

掌握氯化三苯基四氮唑(TTC)法测定树木根系活力的方法。

实验原理

植物根系是活跃的吸收器官和合成器官,根的生长情况和活力水平直接影响地上部分的生长和营养状况及产量水平。掌握测定根系活力的方法,可为植物营养研究提供依据。

TTC 是标准氧化电位为 80 mV 的氧化还原色素,溶于水为无色溶液,但还原后即生成红色而不溶于水的三苯基甲腙(TTF),生成的 TTF 比较稳定,不会被空气氧化,所以 TTC 被广泛地用作酶试验的氢受体,植物根系中脱氢酶所引起的 TTC 还原,可因加入琥珀酸、延胡索酸、苹果酸得到增强,而被丙二酸、碘乙酸所抑制。所以,TTC 还原量能表示脱氢酶活性并作为根系活力的指标。

实验器材与实验试剂

1. 实验器材

八角金盘、大叶黄杨等植物材料、分光光度计、电子分析天平、恒温箱、研钵、三角瓶、漏斗、量筒、吸量管、刻度试管、试管架、容量瓶、药勺、石英砂和烧杯。

2. 实验试剂

乙酸乙酯、次硫酸钠、1% TTC 溶液、1/15 mol/L pH 7 的磷酸缓冲液、1 mol/L 硫酸。

① 1% TTC 溶液　准确称取 TTC 1.0 g,溶于少量水中,定容至 100 mL,用时稀释至需要的浓度。

② 1 mol/L 硫酸　用量筒取密度为 1.84 的浓硫酸 55 mL,边搅拌边加入盛有 500 mL 蒸馏水的烧杯中,冷却后稀释至 1 000 mL。

实验步骤

① TTC 标准曲线的制作　取 0.2 mL 0.4% TTC 溶液放入 10 mL 容量瓶中,加少许连二亚硫酸钠粉末摇匀后立即产生红色的甲月替。再用乙酸乙酯定容至刻度线,摇匀。然后分别取此液 0.25、0.50、1.00、1.50、2.00 mL 至 10 mL 容量瓶中,用乙酸乙酯定容至刻度,即得

到含甲月替 25、50、100、150、200 μg 的标准比色系列，以空白作参比，在 485 nm 波长下测定吸光度，即可绘制标准曲线。

②称取根尖样品 0.5 g，放入 10 mL 烧杯中，加入 0.4% TTC 溶液和磷酸缓冲液的等量混合液 10 mL，把根尖样品充分浸没在溶液内，在 37℃下暗保温孵育 1~3 h，此后加入 2 mL 1 mol/L 硫酸，以停止反应(与此同时做一空白实验，先加硫酸，再加根样品，其他操作同上)。

③把根尖样品取出，吸干水分后与 3~4 mL 乙酸乙酯和少量石英砂一起在研钵内磨碎，以提取出甲月替。将红色提取液移入试管，并用少量乙酸乙酯把残渣洗涤两三次，皆移入试管，最后加乙酸乙酯使总量为 10 mL，用分光光度计在波长 485 nm 下比色，以空白试验作参比测出吸光度，查标准曲线，即可求出 TTC 还原量。

④结果计算

TTC 还原强度[mg/(g·h)] = TTC 还原量(mg)/[根鲜重(g)×孵育时间(h)]

注意事项

1. TTC 溶液应贮于棕色瓶中并放入冰箱，避光低温贮存，但最好现配现用。
2. 本实验采用有机溶剂(乙酸乙酯)提取 TTF，因此，不能使用一次性塑料比色皿或酶标条进行检测。建议使用石英比色皿或玻璃比色皿检测，检测完成后用乙醇清洗并用水冲洗干燥。

思考题

1. 植物的根系活力与地上部分存在何种关系？
2. 本实验中为什么要用磷酸缓冲液和 37℃ 处理？
3. 测定根系活力时最好选择根的哪个部位？为什么？
4. 本实验的根系活力指标的实质是什么？
5. 清晰了解 TTC 的特性及显色反应原理。

第二节　培养液中 N、P、K 的定量测定

实验目的

学习并掌握培养液中 N、P、K 的定量测定。

实验原理

植物在溶液培养的过程中，溶液中的矿质元素将因植物的吸收而发生量的变化。本实验利用分光光度计来定量地测定培养前后培养液中 N、P、K 的具体含量，从而得出培养期间植物吸收产生的变化。N、P、K 各元素和特定的实验试剂可发生显色反应，当测定出光密度后，在各自标准曲线上即可查找出相应的浓度(含量)。

N、P、K 各元素的显色反应原理分别是：硝酸态氮与酚二磺酸实验试剂作用，在有氨水存在的碱性溶液中，会生成黄色的硝基酚二磺酸铵，从而呈现黄色；在一定的酸性条件

下,磷酸与钼酸(钼酸铵)相结合形成的磷钼酸(或磷钼酸铵)在还原剂的作用下,可被还原成深蓝色的复杂磷钼蓝氧化物,从而呈现深蓝色;溶液中的钾在pH值为6.5~7.0时,能与亚硝酸钴钠作用,生成黄色的亚硝酸钴钠钾沉淀,从而呈现有黄色沉淀,但若溶液中有NH_4^+存在,则NH_4^+与六硝基合钴酸钠反应生成相似的黄色沉淀物$(NH_4)_2Na[Co(NO_2)_6]$,因此,实验中应使用少量甲醛先将NH_4^+固定。

实验器材与实验试剂

1. 氮的测定

(1) 实验材料

培养过和未培养过植物培养液,即经过两周植物培养更换下来的完全培养液(更换前注意将液面调到原来位置)和未经过培养植物的完全培养液。

(2) 实验试剂

①酚二磺酸　称取苯酚25 g,溶解在150 mL浓硫酸中,加入75 mL发烟硫酸,在烧杯中混合,放在沸水中加热6 h后,贮藏在棕色瓶中。

②氨水溶液　1份氨水(密度0.90)加2份蒸馏水的混合液。

③含氮标准液　称取优纯级的硝酸钾0.072 2 g溶解于少许蒸馏水中,在1 L容量瓶内加蒸馏水至刻度,即为含氮10 μg/g的标准液,再以此标准液稀释成0.2、0.5、0.8、1 μg/g各种浓度的含氮标准液。

(3) 实验仪器

烧杯、容量瓶、酒精灯、三脚架附石棉网、火柴、7230G分光光度计、水浴锅、移液管、玻璃棒、蒸发皿、铅笔。

2. 磷的测定

(1) 实验材料

培养过和未培养过植物培养液,即经过两周植物培养更换下来的完全培养液(更换前注意将液面调到原来位置)和未经过培养植物的完全培养液。

(2) 实验试剂

①15%硫酸　15 mL 96%硫酸加81 mL蒸馏水。

②2%酒石酸　2 g酒石酸溶于100 mL蒸馏水中。

③4% 硫酸钼酸铵溶液　称取36 g钼酸铵,溶于400 mL蒸馏水中,加入360 mL 6 mol/L硫酸,再以蒸馏水稀释至1 L(注意不能先将钼酸铵溶于硫酸,否则将生成蓝色钼的氧化物。虽然稀释后蓝色较浅,但对钼蓝比色测定仍有影响)。

④1,2,4-氨基酸酚磺酸溶液　称取30 g硫酸氢钠溶于400 mL蒸馏水中,加入3 g硫酸钠,再加入1 g 1,2,4-氨基萘酚磺酸,以蒸馏水稀释至1 L。

⑤含磷标准液　精确地称取1.916 7 g磷酸二氢钾溶于1 L蒸馏水中(必用容量瓶)。取此溶液50 mL加水稀释至1 L,再取此溶液100 mL加水稀释至1 L,则此溶液每毫升含0.005 mg五氧化二磷。标准曲线的绘制过程如下:

a. 含五氧化二磷0~0.005 mg/50 mL:在2个50 mL容量瓶中分别用移液管注入0、2、4、6、8、10 mL标准磷溶液,按与待测液相同的方法进行处理(注意与待测液的条件必须一致)并进行比色。以坐标纸的横轴表示每一容量瓶中的含磷量,纵轴表示比色计相应的光密度,即可画出磷的标准曲线。

b. 含五氧化二磷 0~0.2 mg/50 mL：在 8 个 50 mL 容量瓶中分别用移液管注入 0、10、15、20、25、30、35、40 mL 标准磷酸溶液,按与待测液相同的方法进行处理(注意与待测液的条件必须一致)并进行比色。以坐标纸的横轴表示每一容量瓶的含磷量,纵轴表示比色计相应的光密度,即可画出磷的标准曲线。

(3) 实验仪器

容量瓶、移液管。

3. 钾的测定

(1) 实验材料

培养过和未培养过植物培养液,即经过两周植物培养更换下来的完全培养液(更换前注意将液面调到原来位置)和未经过培养植物的完全培养液。

(2) 实验试剂

①中性甲醛 100 mL 40%甲醛中加 20 滴酚酞后加 100 g/L 氢氧化钠至浅玫瑰红色出现,加蒸馏水一倍稀释。

②70%乙醇。

③30%六硝基合钴酸钠 30 g 六硝基合钴酸钠溶于 100 mL 蒸馏水中。

④含钾标准液 称取纯的氯化钾 0.791 5 g 溶于蒸馏水中,定容至 1 000 mL,每毫升中含有 0.000 5 g 的氧化钾,然后分别吸取含钾标准液 1、2、3、4、5、6、7、8、9、10、12、14、16 mL 加于 100 mL 容量瓶中,用蒸馏水定容至刻度,每瓶中吸出 4 mL 按未知样品分析进行比色测定。

(3) 实验仪器

烧杯、试管、移液管、玻璃棒。

实验步骤

1. 氮的测定

①作含 N 的标准曲线。

②硝酸态氮的测定 用移液管吸取已培养过植物的培养液 5 mL 于蒸发皿中,在水浴上蒸发至干。冷却后迅速加入 30 滴酚二磺酸,旋转蒸发皿,使实验试剂接触到所有的蒸干物。静置 10 min 使其作用完全后,加入 2 mL 蒸馏水,用玻璃棒搅拌至所有蒸干物溶解,滴加氨水直到溶液呈微碱性稳定的黄色。然后将溶液移至 25 mL 容量瓶中(注意洗净蒸发皿),定容到刻度后,进行比色,记下光密度读数,在标准曲线上查出相应浓度。用同法再对未培养过植物的培养液进行测定。

2. 磷的测定

①作含 P 的标准曲线。

②P 的测定 用移液管吸取已培养过植物的培养液 10 mL 放入 50 mL 容量瓶中,加5 mL 15%硫酸、5 mL 12%酒石酸、4 mL 硫酸钼酸铵实验试剂(每加入一种实验试剂都必须把溶液摇匀)。加蒸馏水至容量瓶 3/4 处,在沸水浴中煮沸 2 min,取出后马上加 30 滴 1,2,4-氨基

萘酚磺酸，摇匀。放入冷水浴中冷却后定容至刻度，进行比色，记下光密度读数。在标准曲线上查出 P 的浓度，用同法再对未培养过植物的培养液进行测定。

3. 钾的测定

①作含 K 的标准曲线。

②K 的测定　用移液管吸取培养过植物的培养液 20 mL 于 100 mL 烧杯中，用蒸馏水稀释 1 倍后，加入新配制好的中性甲醛 10 滴，溶液保存在室温或 16~22℃ 水浴中待测。再用移液管吸取 4 mL 70% 乙醇于试管中，加入 12 滴 30% 六硝基合钴酸钠，摇匀后加入待测液 4 mL，立即用玻璃棒搅匀后置于 16~22℃ 温水浴中。5 min 后进行比色，记下光密度读数，在标准曲线上查出 K 的浓度。用同样方法再对未培养过植物的培养液进行测定。

注意事项

1. 移液管(吸量管)不应在烘箱中烘干。
2. 移液管(吸量管)不能移取太热或太冷的溶液。
3. 同一实验中应尽可能使用同一支移液管。
4. 移液管在使用完毕后，应立即用自来水及蒸馏水冲洗干净，置于移液管架。
5. 移液管有老式和新式，老式管身标有"吹"字样，需要用洗耳球吹出管口残余液体；新式的没有标注，切勿吹出管口残余，否则将量取过多液体。

思考题

N、P、K 测定的原理是什么？

第三节　硝酸还原酶活力的测定

实验目的

了解硝酸还原酶的特性，掌握硝酸还原酶活性测定的原理与方法。

实验原理

硝酸还原酶(NR)是植物氮素同化的关键酶，它催化植物体内的硝酸盐还原为亚硝酸盐，产生的亚硝酸盐与对氨基苯磺酸(或对氨基苯磺酰胺)及 α-萘胺(或萘基乙烯二胺)在酸性条件下，可定量生成红色偶氮化合物。其反应如图 3-1 所示：

生成的红色偶氮化合物在 540 nm 波长下有最大吸收峰，可用分光光度法测定。硝酸还原酶活性可由产生的亚硝态氮的量表示，一般以 μg/(g·h) 为单位。硝酸还原酶的测定可分为活体法和离体法，活体法步骤简单，适合快速、多组测定；离体法复杂，但重复性较好。

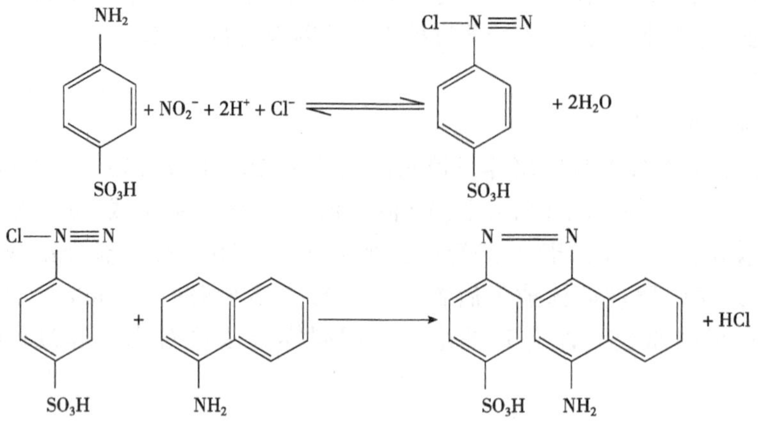

图 3-1 硝酸还原酶反应示意

实验器材与实验试剂

1. 实验器材

发芽 3~5 d 的水稻或小麦幼苗叶片。

2. 实验试剂

①亚硝酸钠标准溶液　称取 1.00 g 亚硝酸钠溶于蒸馏水后定容至 1 000 mL，然后吸取 5 mL 稀释定容至 1 000 mL，即为含 NO_2^- 1 μg/mL 的标准液(注意应临用前配制)。

②0.1 mol/L pH 7.5 的磷酸缓冲液。

③1%磺胺溶液　称取 1.00 g 磺胺溶于 100 mL 3 mol/L HCl 中。

④0.02% α-萘胺溶液　称取 0.02 g α-萘胺溶于 100 mL 蒸馏水中，贮于棕色瓶。

⑤0.1 mol/L 硝酸钾-磷酸溶液　称取 2.527 5 g 硝酸钾溶于 250 mL 0.1 mol/L pH 7.5 的磷酸缓冲液中。

⑥0.025 mol/L pH 8.7 的磷酸缓冲液　称取 8.864 0 g 十二水磷酸氢二钠与 0.057 0 g 三水合磷酸氢二钾，加蒸馏水溶解，定容至 1 000 mL。

⑦提取缓冲液　称取 0.121 1 g 半胱氨酸、0.037 2 g 乙二胺四乙酸(EDTA)，溶于 100 mL 0.025 mol/L pH 8.7 的磷酸缓冲液中。

⑧2 mg/mL NADH 溶液　称取 2.00 mg NADH 溶于 1 mL 0.1 mol/L pH 7.5 的磷酸缓冲液中(注意应临用前配制)。

3. 实验仪器

冷冻离心机、分光光度计、天平、冰箱、恒温水浴锅、研钵、剪刀、离心管、试管等。

实验步骤

1. 绘制标准曲线

取 7 支洁净烘干的试管按表 3-1 顺序加入实验试剂，配成 0、0.2、0.4、0.8、1.2、1.6、2.0 μg 的系列标准亚硝态氮溶液。摇匀后在 25℃下保温 30 min，然后在 540 nm 下比色测定吸光度。以 NO_2^- 含量(μg)为横坐标，吸光度值为纵坐标制作标准曲线或建立回归方程。

表 3-1 制作标准曲线时各物质加入量

试 剂	管 号						
	1	2	3	4	5	6	7
亚硝酸钠标准溶液(mL)	0	0.2	0.4	0.8	1.2	1.6	2.0
蒸馏水(mL)	2.0	1.8	1.6	1.2	0.8	0.4	0
1%磺胺溶液(mL)	4.0	4.0	4.0	4.0	4.0	4.0	4.0
0.02% α-萘胺溶液(mL)	4.0	4.0	4.0	4.0	4.0	4.0	4.0
每管含 NO_2^- 量(μg)	0	0.2	0.4	0.8	1.2	1.6	2.0

2. 样品中硝酸还原酶活性的测定

(1) 酶的提取

称取 0.5 g 发芽 3~5 d 的水稻或小麦幼苗叶片,洗净、剪碎后置于研钵中,冰冻 30 min,取出,加少量石英砂及 4.0 mL 提取缓冲液,冰浴研磨成匀浆。转移至离心管中,4℃、4 000 r/min 离心 15 min,上清液即为粗酶提取液。

(2) 酶反应

取 0.4 mL 粗酶提取液于 10 mL 试管中,加入 1.2 mL 0.1 mol/L 硝酸钾-磷酸溶液和 0.4 mL NADH 溶液,混匀,在 25℃水浴中保温 30 min;对照组不加 NADH 溶液,而以 0.4 mL 0.1 mol/L pH 7.5 的磷酸缓冲液代替。

(3) 终止反应和比色测定

保温结束后,立即加入 1 mL 磺胺溶液终止酶反应,再加 1 mL α-萘胺显色 20 min,4 000 r/min 离心 10 min,取上清液在 540 nm 下比色测定吸光度。

根据标准曲线或回归方程计算出反应液中所产生的 NO_2^- 总量(μg),后按照式(3-1)计算硝酸还原酶活性。

$$\text{硝酸还原酶活性} = \frac{x \times \dfrac{V_1}{V_2}}{m \times t} \tag{3-1}$$

式中:x——反应液酶催化产生的 NO_2^- 总量(μg);

V_1——提取酶时加入的缓冲液体积(mL);

V_2——酶反应时加入的粗酶液体积(mL);

m——植物样品鲜重(g);

t——显色反应时间(h)。

📢 **注意事项**

1. 硝酸盐还原过程应在黑暗中进行,以防止 NH_2^- 还原为 NH_4^+。加异丙醇可增加组织对 NO_3^- 和 NO_2^- 的透性,厌氧条件可防止氧竞争还原吡啶核苷酸。

2. 取样前材料应照光 3 h 以上,大田取样在 9:00 后为宜,阴雨天不宜取样。取样部位应尽量一致。

3. 配好的硝酸钾-磷酸溶液应密闭低温保存，否则易滋生微生物将 NO_3^- 还原，使对照组吸光值偏高。

4. 从显色到比色的时间要一致，过短过长对颜色都有影响。

思考题

1. 测定硝酸还原酶的材料为什么要提前 1 d 施用一定量的硝态氮肥？为何取样应在晴天进行？

2. 影响实验结果的主要因素有哪些？应如何注意？

第四节 树木对铵离子的吸收动力学

实验目的

了解并掌握树木对铵离子的吸收动力学计算方法。

实验原理

植物的根系从土壤或培养液中吸收各种无机离子，并随即输送到植株的其他部分参与有机物的合成或代谢作用。根系在一定时间内吸收的铵离子的总量，可用培养液中铵离子的减少量求得，而铵的转化可由铵的吸收量减去植株体内的残留量求得。

植物根系能够选择性地逆浓度吸收阴、阳离子，主要是通过载体、离子通道或离子泵进行的。该吸收速率符合米氏方程，V_{max} 和 K_m 值是植物吸收离子的特征常数。所以，提供不同含铵水平的培养液，可分别求出其吸收速率，作出铵离子吸收的动力学曲线，求出 V_{max} 和 K_m 值。

铵离子在碱性条件下可与纳氏剂络合成棕红色化合物，测定其在波长为 430 nm 的光密度，即可求得铵离子的含量。

实验器材与实验试剂

1. 实验器材

小麦苗、稻苗、光源[大于 300 μmol/(m²·s)]、离心机、分光光度计、恒温箱、冰箱、恒温水浴器、容量瓶、研具、康威皿、大试管、剪刀。

2. 实验试剂

1 mmol/L 硫酸铵、1 mmol/L 氯化铵、1.2 mol/L 氢氧化钠、2% 硼酸、0.1 mmol/L pH 7.5 的磷酸缓冲液(内含 EDTA 0.5 mmol/L)、40% 酒石酸钾钠(为除去铵盐杂质，可于 80～90℃烘箱中烘 6 h)、纳氏实验试剂、碱性溶胶。

①纳氏实验试剂 将 35 g 碘化钾、45.5 g 碘化汞先溶于少量水后，慢慢倒入含 112 g KOH 的水溶液中，充分混匀后，定容至 1 000 mL。

②碱性溶胶 10 g 阿拉伯胶溶于 15 mL 蒸馏水，取 10 mL 加甘油 10 mL，再加饱和碳酸

钾 5 mL。

实验步骤

1. 预处理

从 15℃下培养 10~15 d 的小麦苗(或其他苗)中选根系完整的苗 20 株分成 4 组,将其中两组根系浸入装有 50 mL 1 mmol/L 硫酸铵的试管中,另两组浸入蒸馏水中作空白对照。在光下吸收 2 h 后,用蒸馏水补足至刻度,取出植株,用蒸馏水冲洗干净,剪下根系和地上部分分别称重,置于 0℃左右冰箱中 15~30 min。

2. 根系游离铵的测定

取出冰冻后的根系,加 10 mL 0.1 mmol/L pH 7.5 的磷酸缓冲液研磨,随后经四层纱布过滤,滤液置 100℃水浴中保温 15~20 min,取出冷却后,以 2 500 r/min 离心力离心 15 min,取上清液 4 mL 于 25 mL 容量瓶中,加 1 mL 40%酒石酸钾钠、约 15 mL 蒸馏水、1 mL 纳氏实验试剂,定容,在波长 430 nm 下读取光密度值。

3. 地上部分游离铵的测定

取冰冻后的地上部分,剪碎后加 10 mL 0.1 mmol/L pH 7.5 的磷酸缓冲液研磨,匀浆放入康威皿外圈,内孔加 3 mL 2%硼酸,外缘涂上碱性溶胶,再在康威皿外圈匀浆中加 10 mL 1.2 mol/L 氢氧化钠,迅速盖好玻片,置于 40℃恒温箱 24 h。之后吸出内孔溶液定容至 10 mL,从中取 4 mL 放入 25 mL 容量瓶中,定容,按上法显色比色。

4. 吸收后溶液中铵的测定

取吸收后溶液 4 mL,放入 25 mL 容量瓶中,定容,按上法显色比色。

5. 铵离子吸收动力学测定

取试管 12 支,每两支分别装含铵 0、0.1、0.2、0.5、1.0、2.0 mmol/L 的硫酸铵溶液 50 mL,再分别装入稻苗(或其他苗)5 株,在光照下吸收 1 h,用蒸馏水补足至刻度,取出植株剪下根系称重,并按吸收后溶液中铵的测定方法来测定溶液中的铵含量,作出铵离子吸收动力学曲线,计算 V_{max} 和 K_m 值。

6. 铵离子含量标准曲线的制作

准确称取经烘箱干燥的氯化铵 53.5 mg,用蒸馏水溶解并定容至 1 000 mL,分别吸取 0、1、2、4、6、8、10 mL 于 25 mL 容量瓶中,定容。上述溶液分别含 NH_4^+ 0、1、2、4、6、8、10 μmol。根据上述方法显色比色,并根据光密度和 NH_4^+ 含量绘制标准曲线。

7. 结果计算

①根据实验结果,计算下列式值:

$$X(\mu mol/g) = \frac{标准曲线查得值}{根或地上部鲜重} \times 10$$

$$Y(\mu mol) = (原溶液含 NH_4^+ 量 - 吸收后溶液的含 NH_4^+ 量) \times 50$$

$$V[\mu mol/(g \cdot h)] = \frac{Y(\mu mol)}{根重(g) \times 反应时间(h)}$$

$$NH_4^+ 转化率(\%/h) = \frac{Y - [(X_1 - X_2)W_1 + (X_3 - X_4)W_2] \times 100}{反应时间(h)} \tag{3-2}$$

式中：X_1、X_2——处理和对照地上部分 NH_4^+ 含量（μmol）；
　　　X_3、X_4——处理和对照根系 NH_4^+ 含量（μmol）；
　　　W_1、W_2——处理地上部及根重（g）；
　　　　Y——NH_4^+ 吸收总量（μmol）；
　　　　V——NH_4^+ 吸收速度[μmol/(g·h)]。

②绘制 NH_4^+ 浓度（S）和吸收速率（V）曲线，即得 NH_4^+ 吸收动力学曲线。

③绘制 $\dfrac{1}{S}$ 和 $\dfrac{1}{V}$ 图，用直线回归方程求出 V_{max} 和 K_m 值。

注意事项

1. 容量瓶不能加热。如果溶质在溶解过程中放热，要待溶液冷却后再进行转移。一般容量瓶是在 20℃ 的温度下标定的，因此，若将温度较高或较低的溶液注入容量瓶，容量瓶则会热胀冷缩，所量体积就会不准确，导致所配制的溶液浓度也不准确。

2. 容量瓶只能用于配制溶液，不能长时间贮存溶液，因为溶液可能会对瓶体进行腐蚀（特别是碱性溶液），从而使容量瓶的精度受到影响。

3. 容量瓶用后应及时洗涤干净。

思考题

铵离子的测定原理是什么？

第五节　蛋白质的含量测定

实验目的

了解并掌握蛋白质测定的原理和方法。

（一）考马斯亮蓝 G-250 法测蛋白质含量

实验原理

考马斯亮蓝 G-250（coomassie brilliant blue G-250）在游离状态下呈红色，与蛋白质结合后呈现蓝色。在一定范围内，溶液在 595 nm 波长下的吸光度与蛋白质含量成正比，可用比色法测定。

实验器材与实验试剂

1. 实验器材

八角金盘、山核桃、雷竹等植物叶片、分光光度计、分析天平、具塞试管、刻度试管、离心机。

2. 实验试剂

考马斯亮蓝 G-250、标准蛋白质溶液、pH 7.0 的磷酸缓冲液。

①考马斯亮蓝 G-250 称取 100 mg 考马斯亮蓝 G-250，溶解于 50 mL 95%乙醇中，加入 100 mL 85%的磷酸，用蒸馏水定容至 1 000 mL，过滤，此药品实验试剂常温下可保存 30 d。

②标准蛋白质溶液 精确称取结晶牛血清蛋白 10 mg，加蒸馏水溶解并定容至 100 mL，即为 100 μg/mL 的标准蛋白质溶液。

实验步骤

1. 标准曲线的制作

取 6 支具塞试管，按表 3-2 加入实验试剂。盖上塞子，摇匀（注意：各管振荡程度尽量一致）。放置 3 min，在 595 nm 波长下比色测定，比色反应在 1 h 内完成。以牛血清蛋白含量为横坐标，以吸光度为纵坐标，绘出标准曲线。

表 3-2 蛋白质标准曲线制作各实验试剂加入量

试 剂	试 管 号					
	1	2	3	4	5	6
标准蛋白质溶液(mL)	0	0.2	0.4	0.6	0.8	100
蒸馏水(mL)	1.0	0.8	0.6	0.4	0.2	0
考马斯亮蓝 G-250(mL)	5	5	5	5	5	5
蛋白质含量(μg)	0	20	40	60	80	100

2. 样品中蛋白质含量的测定

准确称取约 200 mg 植物叶片，放入研钵，加 5 mL pH 7.0 的磷酸缓冲液(pH 7.0)，在冰浴中研成匀浆。再在 4 000 r/min 离心 10 min，将上清液倒入 10 mL 容量瓶。再向沉淀中加入 2 mL pH 7.0 的磷酸缓冲液，使其悬浮，4 000 r/min 离心 10 min，合并上清液，定容至刻度。

另取 1 支具塞试管，准确加入 0.1 mL 样品提取液，加入蒸馏水 0.9 mL 和 5 mL 考马斯亮蓝 G-250，其余操作与标准曲线的制作相同。

根据所测样品提取液的吸光度，在标准曲线上查得相应的蛋白质含量(μg)，按式(3-3)计算：

$$蛋白质含量 = \frac{查得的蛋白质含量(\mu g) \times 提取液总体积(mL)}{样品质量(g) \times 测定时取用提取液体积(mL)} \tag{3-3}$$

（二）紫外吸收法测蛋白质含量

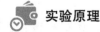
实验原理

蛋白质分子中的酪氨酸、色氨酸等芳香族氨基酸，在 280 nm 波长处有最大吸收峰，故可用 280 nm 波长的光吸收，即光密度的大小来测定一般蛋白质的含量。各种蛋白质中均含有酪氨酸，因此，在 280 nm 波长处具有紫色吸收高峰是蛋白质的一种普遍性质。在一定程度上，蛋白质溶液在 280 nm 吸光度与其浓度成正比，故可作定量测定。由于核酸在 280 nm 波长处也有光吸收，对蛋白质的测定有一定的干扰作用，但核酸的最大吸收峰在 260 nm 处，如同时测定 260 nm 的光吸收，即可通过计算消除其对蛋白质测定的影响。因此，溶液中存在核酸时必须同时测定 280 nm 和 260 nm 波长处的吸光度，再通过计算求得溶液中的蛋白质浓度。

实验器材与实验试剂

1. 实验器材

山核桃、雷竹、大叶黄杨等植物叶片，紫外分光光度计、离心机、移液管、天平、研钵。

2. 实验试剂

0.1 mol/L pH 7.0 的磷酸缓冲液。

实验步骤

1. 样品提取

称取植物叶片鲜样 0.5 g 用 5 mL 缓冲液研磨成匀浆后，10 000 r/min 离心 10 min，取上清液备用。

2. 测定

取适量的样品提取液，根据蛋白质浓度，用 0.1 mol/L pH 7.0 的磷酸缓冲液适当稀释后，用紫外分光光度计分别在 280 nm 和 260 nm 波长下读取吸光度，以 0.1 mol/L pH 7.0 的磷酸缓冲液为空白对照，调零。按照式(3-4)计算蛋白质浓度。

① Lowry-Kalekar 公式

$$蛋白浓度(mg/mL) = 1.45 A_{280} - 0.74 A_{260}$$

② Warburg-Christian 公式

$$蛋白浓度(mg/mL) = 1.55 A_{280} - 0.75 A_{260}$$

$$蛋白质含量(\%) = (1.45 A_{280} - 0.74 A_{260}) \times v/W \times 100 \tag{3-4}$$

式中：1.45——校正值；

0.74——校正值；

A_{280}——蛋白质溶液在 280nm 波长处的吸光度；

A_{260}——蛋白质溶液在 260nm 波长处的吸光度；

v——样品稀释总体积(mL)；

W——样品质量(g)。

注意事项

1. 不同的蛋白质及核酸的吸光率不完全一致，所以可能产生误差。另外，像嘌呤核苷、嘧啶核苷一类物质在 260 nm 和 280 nm 波长处也有吸收作用。

2. 本法对微量蛋白质的测定快捷且便利，同时还适用于硫酸铵或其他盐类混杂的情况。

思考题

蛋白质测定的原理是什么?

第六节　蛋白质氮含量的测定

实验目的

了解并掌握蛋白质氮(蛋白氮)含量的测定。

实验原理

氮素代谢在植物的新陈代谢中占主导地位。植物组织中有机氮化物的含量随着植物的生理状况及环境条件的不同而发生变化。所以测定其含量,对研究植物的氮素吸收、运输和代谢规律,以及确定农产品的品质、营养价值等具有一定意义。

植物组织中的有机氮化物包括蛋白氮和非蛋白氮。非蛋白氮主要是氨基酸和酰胺,以及少量无机氮化物,是可溶于三氯乙酸溶液的小分子。可加入三氯乙酸,使其最终浓度为5%,将蛋白质沉淀出来,分别测定总氮、蛋白氮或非蛋白氮(通常只测定总氮或蛋白氮)。具体测定方法:将植物材料与浓硫酸共热,硫酸分解为二氧化硫、水和原子态氧,并将有机物氧化分解成二氧化碳和水;而其中的氮转变成氨,并进一步生成硫酸铵。为了加速有机物质的分解,在消化时通常加入多种催化剂,如硫酸铜、硫酸钾和硒粉等。消化完成后,加入过量氢氧化钠,将 NH_4^+ 转变成 NH_3,通过蒸馏把 NH_3 导入过量的硼酸溶液中,再用标准盐酸滴定,直到硼酸溶液恢复原来的氢离子浓度。滴定消耗的标准盐酸摩尔数即为 NH_3 的摩尔数,通过计算,可得出含氮量。

蛋白质是一类复杂的含氮化合物,每种蛋白质都有其恒定的含氮量(14%~18%,平均约含氮16%)。因此,可用蛋白氮的量乘以6.25(100/16=6.25),算出蛋白质的含量。若以总氮含量乘以6.25,就是样品的粗蛋白含量。若试样中含有硝态氮,首先要使硝态氮还原为铵态氮,可加入水杨酸和硫代硫酸钠,使硝态氮与水杨酸在室温下作用生成硝基水杨酸,再用硫代硫酸钠粉使硝基水杨酸转化为铵盐。水杨酸与硫代硫酸钠会消耗一部分硫酸,因此,消化时的硫酸用量要酌情增加。

实验器材与实验试剂

1. 实验器材

各种干燥、过筛(60~80目)的植物样品、消化管、微量凯氏定氮蒸馏装置、三角烧瓶、微量滴定管、量筒、容量瓶、烧杯、水浴锅、玻璃棒、离心机、滤纸、漏斗、烘箱、远红外消煮炉、移液管等。

2. 实验试剂

硫酸铵、蒸馏水、5%三氯乙酸、浓硫酸、硼酸-指示剂混合液、0.01 mol/L 盐酸标准滴定溶液。

实验步骤

1. 样品提取分离

准确称取烘至恒重的样品 0.100 0~0.500 0g(依样品含氮量而定，含氮 1~3 mg 为宜)，置于 10 mL 离心管中，加入 5 mL 5%三氯乙酸，90℃水浴中浸提 15 min，不时搅拌，取出后用少量蒸馏水冲洗玻璃棒，待溶液冷却后，4 000 r/min 离心 15 min，弃上清液，用5%三氯乙酸洗沉淀 2~3 次，离心，再弃上清液，最后用蒸馏水将沉淀无损地洗入铺有滤纸的漏斗上，去掉滤液后，将沉淀和滤纸在 50℃下烘干，用于蛋白氮的测定。

2. 样品的消化

取 4 支消化管并编号。1 号管直接放入称好的材料用于测定总氮，2 号管放入上述烘干的滤纸和沉淀，用于蛋白氮的测定，3 号管放入同样滤纸一张，4 号管不加任何样品作为空白对照(注意：将样品放至消化管底部)。向各消化管加浓硫酸 5 mL，混合催化剂 0.3~0.5 g，将样品浸泡数小时或放置过夜后，在管口盖一小漏斗，放在远红外消煮炉上加热消化。开始时温度可稍低，以防止内容物上升至管口。泡沫多时，可从小漏斗加入 2~3 滴无水乙醇。待管口出现白色雾状物时，泡沫已不再产生；此时可逐渐升温，使内容物达到微沸，直到消化液变清澈透明为止。消化过程中，若在消化管上部发现有黑色颗粒时，应小心地转动消化管，用消化液将它冲洗下来，以保证样品消化完全。消化过程需 2~3 h。

3. 定容

消化完毕待溶液冷却后，沿管壁加入 10 mL 左右无氨蒸馏水，以冲洗管壁，再将消化液小心转入 100 mL 容量瓶中。以无氨蒸馏水少量多次冲洗消化管，洗涤液并入容量瓶。最后用无氨水定容至刻度，混匀备用。

4. 蒸馏及滴定

①仪器的洗涤　先经一般洗涤后，还要用水蒸气洗涤。可按下列方法进行水蒸气洗涤。先在蒸汽发生器中加入 2/3 体积的蒸馏水(事先加入几滴浓硫酸，使其酸化，加入甲基红指示剂，并加入少许沸石或毛细玻璃管以防止爆沸)。打开漏斗下的夹子，用电炉或酒精炉加热至沸腾，使水蒸气通入仪器的各个部分，以达到清洗的目的。在冷凝管下端放置一个三角瓶接收冷凝水。然后关紧漏斗下的夹子，继续用水蒸气洗涤 5 min。冲洗完毕，夹紧蒸气发生器与收集器之间的连接橡胶管，蒸馏瓶中的废液由于减压而倒吸进入收集器，打开收集器下端的活塞排除废液。如此清洗 2~3 次，再在冷凝管下端换放一个盛有硼酸-指示剂混合液的三角瓶，使冷凝管下口完全浸没在液面以下 0.5 cm 处，蒸馏 1~2 min，观察三角瓶内的溶液是否变色。如不变色，表示蒸馏装置内部已洗干净。移去三角瓶，再蒸馏 1~2 min，用蒸馏水冲洗冷凝管下口，关闭电炉，仪器即可供测定样品使用。

②滴定时，以盐酸标准滴定溶液(0.01 mol/L)滴定呈微红色为终点。为了熟悉蒸馏和滴定的操作技术，并检验实验的准确性，找出系统误差，标准硫酸铵测定常用已知浓度的标准硫酸铵测试 3 次。在三角瓶中加入 20 mL 硼酸-指示剂混合液，将此三角瓶承接在冷凝管下端，并使冷凝管的出口浸入溶液中。注意在加样前务必打开收集器活塞，以免三角瓶内液体倒吸。准确吸取 2 mL 硫酸铵标准溶液，加到漏斗中。按照式(3-5)计算结果：

$$W(\%) = (V_1 - V_0) \times c \times 0.014 \times F \times 100 / (0.01m) \tag{3-5}$$

式中：V_0——滴定空白蒸馏液消耗盐酸标准滴定溶液体积(mL)；

V_1——滴定样品蒸馏液消耗盐酸标准滴定溶液体积(mL)；

W——蛋白质的质量分数(%)；

c——盐酸标准液的浓度(mol/L)；

0.014——1 mL 盐酸标准滴定溶液相当的氮的质量(g/mol)；

F——蛋白质系数；

m——样品质量(g)。

注意事项

本实验中用到的浓硫酸具有强腐蚀性，使用时应注意以下几点：

1. 操作酸时要戴防护手套。此酸具强腐蚀性，需佩戴化学安全防护眼镜。
2. 如果酸液滴在皮肤上，需立即用大量水冲洗，随后用5%的碳酸氢钠冲洗，严重时需要立即就医。
3. 如果滴在皮肤上的酸是浓硫酸，需先用干抹布轻轻擦去，再进行冲洗。
4. 如果酸液滴在眼睛里，必须立即提起眼睑，用大量水冲洗，并不时转动眼球，随后立即就医。

思考题

蛋白质氮含量测定的原理是什么？

第七节　钾离子对气孔开度影响的观察

实验目的

了解钾离子是怎样影响气孔开关的。

实验原理

叶表皮对叶肉细胞起保护作用，壁厚，且排列紧密，其中有许多气孔，是叶片与外界环境之间进行气体交换和水分蒸腾的孔道。气孔既要让光合作用所需的二氧化碳通过，又要防止过多的水分损失。气孔两侧的保卫细胞可通过胀缩变化来控制和调节气孔启闭，从而显著地影响叶片的光合、蒸腾等生理代谢速率。因此，研究气孔运动有着非常重要的意义。关于气孔运动的无机离子吸收学说认为，气孔运动主要是 K^+ 离子调节保卫细胞渗透系统的缘故。光下，保卫细胞中的叶绿体通过光合磷酸化合成 ATP，而保卫细胞质膜上的光活化 H^+ 泵 ATP 酶不断地水解 ATP，在把 H^+ 分泌到细胞壁的同时，逆浓度梯度吸收胞外的 K^+ 离子(为保持保卫细胞的电中性，还伴随有 Cl^- 进入)。K^+、Cl^- 等的积累，降低了保卫细胞水势，保卫细胞吸水膨胀，从而使气孔张开。Na^+ 可以代替 K^+ 使气孔开放，但不如 K^+ 有效。

实验器材与实验试剂

1. 实验器材

蚕豆或玉簪叶片、光学显微镜、恒温箱、镊子、盖玻片、载玻片、培养皿。

2. 实验试剂

0.5%硝酸钾溶液、0.5%硝酸钠溶液、蒸馏水。

实验步骤

①取3个培养皿并编号，分别放入15 mL的0.5%硝酸钾溶液、15 mL 0.5%硝酸钠溶液和15 mL蒸馏水。

②撕蚕豆或玉簪叶表皮分别放入上述3个培养皿中。

③将3个培养皿放入25℃恒温箱中，保温使溶液温度达到25℃。

④取出培养皿置于人工光照条件下照光0.5 h。

⑤分别取出叶表皮放在载玻片上，加盖玻片，在显微镜下观察气孔的开度。

注意事项

1. 一定要让表皮完全浸没在溶液中，否则会造成气孔开度不均匀。
2. 实验前要给材料预照光，促使气孔适度开放，这样可以缩短实验时间，提高处理效果。

思考题

1. 比较不同处理气孔开度的差异，并分析原因。
2. 钾离子是怎样影响气孔启闭的？

第八节 根系对离子的交换吸附

实验目的

通过对植物根系的离子交换吸附的观察，了解植物根系吸收矿质离子的原理。

实验原理

离子交换吸附是植物根系吸收矿质离子的第一阶段。离子吸附在根部细胞表面，根部细胞在吸收离子的过程中，同时进行离子的吸附和解吸附。这时，总有一部分离子被其他离子交换。细胞的吸附离子有交换性质，故称为交换吸附。根系之所以能进行交换吸附，是因为根系细胞的质膜表面有阴、阳离子，其中主要是H^+和HCO_3^-，这些离子主要是由呼吸放出的二氧化碳和水生成的碳酸所解离出来的。H^+和HCO_3^-迅速地与周围离子进行吸附交换，盐类离子即被吸附在细胞表面。这种吸附交换不需要代谢能量。吸附速度很快（几分之一秒），当吸附表面形成单分子层就达到极限,且吸附速度与温度无关。因此,植物根系细胞最初吸收离子的方式是属于非代谢性的交换吸附。

植物根系表面的吸附能力,使它在甲烯蓝溶液中能够吸附甲烯蓝离子,根系就被染上蓝色,即使用蒸馏水冲洗也不脱色;若把根系浸在氯化钙溶液中,钙离子和带正电荷的甲烯蓝离子发生交换吸附,原来吸附在根系表面的甲烯蓝离子进入氯化钙溶液中,会使溶液变成蓝色。

实验器材与实验试剂

1. 实验器材

小麦或水稻种子、小烧杯、培养皿、滤纸等。

2. 实验试剂

0.1%甲烯蓝溶液、10%氯化钙溶液、蒸馏水。

实验步骤

①取饱满、无病虫害的小麦种子,用清水浸泡使其吸胀24 h,随后放在培养皿中并置于暗处萌发,待其长出幼根时,再转移到光下用水培法培养5~6 d(在培养中要不断补充水分)。当幼苗长出相当数量的根时,即可供实验用。

②取一个烧杯,倒入半杯0.1%甲烯蓝溶液。

③选取根系生长良好的幼苗8~10株,用清水漂洗根部后,浸入甲烯蓝溶液中2~3 min(由于根系的表面吸附了甲烯蓝离子而被染成蓝色)。

④将已被染成蓝色根系的植株,先在自来水中冲洗,然后在烧杯中用蒸馏水摇动漂洗,直到烧杯中的水不出现蓝色为止。

⑤将幼苗分成数量相等的两组(即每组4~5株)分别浸入盛有等量蒸馏水和10%氯化钙溶液的烧杯中数分钟。

⑥观察根系、蒸馏水和氯化钙溶液颜色分别有何变化。

注意事项

1. 要选择根系生长发育状态一致的幼苗。
2. 浸根时,一定要使根系完全浸入溶液中。

思考题

1. 植物根系对离子的交换吸附有哪些特点?
2. 从本实验结果来看,如何说明H^+、甲烯蓝离子及Ca^{2+}之间发生了交换吸附?

第四章　树木的光合代谢

第一节　叶面积的测定

实验目的

了解并掌握叶面积的测定方法。

实验原理

植物的生长与叶面积密切相关，一方面叶面积的大小影响了植物的光合物质积累，另一方面植物的生长又可通过叶面积的变化得到体现，因此，测定植物的叶面积对于研究植物的生长生理、光合生理和逆境生理具有重要的意义。

目前，市场上已有比较先进的叶面积仪可以非常迅速地测定植物的叶面积，如 Li-Cor 公司的 Li-3000A、Li-3100 型叶面积仪，CID 公司的 CI-202、CI-203 型叶面积仪，皆可以同时测定叶面积、长度、宽度、周长以及叶片的长宽比和形状因子。没有条件的实验室也可以通过测量、称重等比较简单的方法得到上述指标，下面介绍简易方法。

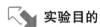

实验器材与实验试剂

玉米(或其他植物)的叶片、直尺、剪刀、复印纸、电子天平、塑料胶带。

实验步骤

①从叶片基部用剪刀小心地剪取 10 片叶片。
②用直尺量取每一片叶的最长处记为叶长、最宽处记为叶宽。
③将叶片用少量胶带小心固定在复印纸上，用铅笔沿叶缘将叶片形状描下来。
④小心撕下胶带，取下叶片，用剪刀沿铅笔线将叶片形状剪下来。
⑤将剪下的复印纸在电子天平上称重，记下质量。
⑥取面积一定的相同型号的复印纸称重，如 B5 复印纸面积是 182 mm×257 mm，A4 复印纸面积是 210 mm×297 mm。然后换算出每克质量所对应的纸面积(一般复印纸的规格上标明每平方米的质量，如每平方米 70 g，但实验时需进行精确测定)。
⑦利用剪下来的复印纸的质量换算出面积数，即为每片叶的面积。
⑧用每片叶的面积除以其长度与宽度的乘积，可以得到一个小于 1 的系数，该常数称为形状系数或校正因子，与叶片的形状有关，对于同一种植物来说基本一样(如玉米和小麦一

般为 0.75）。计算 10 片叶子的形状系数，算出其平均值。

⑨在以后的测量中，可以只用直尺测该种植物叶片的长和宽，二者的乘积乘以形状系数，即为叶面积。

⑩测定形状不规则叶片的叶面积时，可按照上述步骤 1、3、4、5、6、7 操作。

注意事项

应使用同一批次的复印纸。

思考题

1. 除了本实验介绍的方法外，你可以用其他方法测出叶面积吗？
2. 测量并计算出一些常见植物叶片的形状系数。
3. 测量出叶片的长和宽，计算出其长宽比和形状系数，计算出叶面积并与实测叶面积进行比较。

第二节　光合速率的测定

实验目的

了解并掌握光合速率测定的原理。

实验原理

光合作用是植物体内最为重要的同化过程，光合速率的测量是研究植物的光合性能、诊断植物光合机构的运转、研究环境因素对光合作用的影响的重要方法。

光合作用的总反应式为：$CO_2 + H_2O \xrightarrow[\text{叶绿体}]{\text{光能}} CH_2O + O_2$，因此，可用单位时间内单位叶面积所吸收的二氧化碳或释放的氧气或积累的干物质量来表示光合强度的大小。

测定植物的光合速率有下列 3 类方法：

①测定干物质的积累　常用的方法有半叶法、改良半叶法。

②测定氧气的释放　常用的方法有氧电极法。

③测定二氧化碳吸收　常用气流法，即利用红外气体分析仪测定光合速率。

在这 3 种方法中，方法①过于粗糙，误差较大而可靠性差，且过于耗时，仅可用于验证性实验；方法②通过测定液体中的含氧量的连续变化来测定光合速率，可在液体中加入各种实验试剂来测定其对氧释放的影响，并可用于研究藻类植物的光合速率，具有较高的灵敏度，适应于实验室中使用；方法③通过直接测定活体叶片的二氧化碳交换，可以迅速准确地测出光合速率，近年来便携式光合作用系统的出现，使之可以广泛地用于田间和实验室。同时，通过内置或外接计算机改变叶室的光强、二氧化碳浓度、湿度，还可以非常迅速方便地测定植物的二氧化碳补偿点、二氧化碳饱和点、光补偿点、光饱和点、植物的羧化效率、表现光合量子效率、蒸腾速率等指标。在研究逆境生理、生态生理中该系统得到了广泛的利用。

（一）改良半叶法

叶片中脉两侧的对称部位，其生长发育基本一致且功能接近。如果让一侧的叶片照光，另一侧不照光，一定时间后，照光的半叶与未照光的半叶在相对部位的单位面积干重之差，就是该时间内照光半叶光合作用所生成的干物质量。

在进行光合作用时，同时会有部分光合产物输出，测定干物质量时，有必要阻止光合产物的运出。由于光合产物是靠韧皮部运输，而水分等是靠木质部运输的，如果破坏其韧皮部运输，但仍使叶片有足够的水分供应，就可以较准确地用干重法测定叶片的光合强度。

实验器材与实验试剂

1. 实验器材

八角金盘、大叶黄杨、小麦、水稻等植物叶片，打孔器、分析天平、称量皿、烘箱、脱脂棉、锡纸、毛巾。

2. 实验试剂

5%三氯乙酸、90℃以上的开水。

实验步骤

1. 选择测定样品

在田间选定有代表性的叶片若干，用小纸牌编号。选择时应注意叶片着生的部位，受光条件、叶片发育是否对称等。

2. 叶片基部处理

对于八角金盘、大叶黄杨等双子叶植物的叶片，可用5%三氯乙酸涂于叶柄周围；对于小麦、水稻等单子叶植物的叶片，可用在90℃以上开水浸过的棉花夹烫叶片下部的一大段叶鞘20 s。为使烫伤后的叶片不致下垂，可用锡纸或塑料包围起来，使叶片保持原本着生的角度。

3. 剪取样品

叶子基部处理完毕后，即可剪取样品，一般按编号次序分别剪下叶片的一半(不要伤及主脉)，包在湿润毛巾里，贮于暗处，也可用黑纸包住半边叶片，待测定前再剪下。过4~5 h后，再按编号次序依次剪下照光另半边叶，也按编号包在湿润毛巾中。

4. 称重比较

用打孔器在两组半叶的对称部位打若干圆片(有叶面积仪的，也可直接测出两半叶的叶面积)，分别放入两个称量皿中，在110℃下杀青15 min，再置于70℃烘箱至恒重，冷却后用分析天平称重。

按照式(4-1)计算可得光合强度，即

$$光合强度(A) = \frac{W_2 - W_1}{S \times t} \tag{4-1}$$

式中：W_2——照光圆片干重(mg)；
　　　W_1——未照光圆片干重(mg)；
　　　S——圆片总面积(dm^2)；
　　　t——照光时间(h)。

(二)氧电极法

极谱氧电极(Clark 电极)法是一种实验室常用的测氧技术，其灵敏度高，操作简便，可以连续测定水溶液中溶解氧量及变化过程，利用它可测量光合作用、呼吸作用、叶绿体希尔反应和线粒体呼吸控制及与放氧和耗氧有关的酶活性，是一种简便而又快速且准确的实验方法，正逐步得到推广应用。

氧电极由嵌在绝缘棒上的铂和银构成，以 0.5 mol/L 氯化钾为电解质，覆盖一层 15~20 μm 厚的聚乙烯或聚四氟乙烯薄膜，两极间加 0.7 V 左右的极化电压，溶氧可透过薄膜进入电极在铂阴极上还原，同时在极间产生扩散电流，此电流与溶氧浓度成正比，电极输出的信号通过电极控制器连接到自动记录仪上进行自动记录。

实验器材与实验试剂

1. 实验器材

八角金盘、大叶黄杨等植物叶片，氧电极、磁力搅拌器和搅拌棒、反应杯、电极控制器、超级恒温水浴、自动记录仪(10 mV 以下)、光源和隔热玻璃水槽、聚光透镜[要求能使反应杯处光照达 1 500 μmol/(m^2·s)以上]、聚乙烯薄膜(厚 20 μm 左右)、开孔橡皮塞(开孔套在电极头上，大小刚好盖住反应杯)。

2. 实验试剂

①0.5 mol/L 氯化钾、亚硫酸钠饱和水溶液。
②反应液　成分为 60 mmol/L Tricine、20 mmol/L pH 7.4 的碳酸氢钠。

实验步骤

1. 装电极

先将电极表面擦净，滴上 0.5 mol/L 氯化钾溶液，放上薄膜，将"O"形环套上，固住薄膜，把电极放在注满蒸馏水的反应杯上，连接好仪器。打开极化开关，调极化电压到 0.7 V，开磁力搅拌器及恒温水浴，0.5 h 后电极达到稳定就可进行测定。

2. 电极灵敏度标定

电极灵敏度标定最简单的方法是用水进行标定，因为在一定大气压和温度下，水中饱和溶氧量是恒定的(表 4-1)。先使用所需温度的水在反应杯中搅拌 5~10 min，待水溶氧量与大气平衡时，再放上电极，调节移位开关至最小，并调节灵敏度旋钮，使记录仪指针达到满刻度(100 度)平稳后，在反应杯中注入少量亚硫酸钠粉，以除尽水中的氧，记录仪的指针即退到零附近处，此时根据水温查出溶解氧量，测出反应杯内溶液体积[如水温在 25℃时，饱和溶氧量 0.253 μmol/mL，记录仪指针实际移动 92 格，反应杯体积为 1.5 mL，则每小格的溶氧量=0.253×1.5÷92=0.004 1(μmol)]。

表 4-1　一个标准大气压下饱和空气的水中氧的溶解度（仅供参考）

$t(℃)$	$O_2(1×10^{-6})$	$O_2(\mu mol/mL)$	$t(℃)$	$O_2(1×10^{-6})$	$O_2(\mu mol/mL)$
0	14.16	0.442	20	8.84	0.276
5	12.37	0.386	25	8.11	0.253
10	10.92	0.341	30	7.52	0.230
15	9.76	0.305	35	7.02	0.219

3. 样品测定

待电极达到稳定并标定好后，就可进行光合作用测定，只要不移动灵敏度开关，一般标定一次可连续测半天以上。取植物叶片 1 cm²，将其在反应液中抽气到自然下沉，切成 1 mm² 的小块，放入盛缓冲液的反应杯中，放上电极，在测定温度下（一般为25℃）平衡数分钟，用移位旋钮把记录笔调到适当位置，打开记录仪开关，待记录线稳定后立即开灯照光，此时由于光合放氧，记录笔向上移动，数分钟后关灯，记录笔就会往回移，抬起记录笔。

4. 结果计算

由于光合作用的滞后期，刚开灯时记录笔可能还会往回走，然后慢慢上升，到最后才会画出一平直的直线，所以计算时应取平直的直线段 1~2 min 的值。为缩短测定时间，叶片可进行预光照。按照式（4-2）计算光合速率：

$$P = a × N × 100 × 60 / (A × t) × (44/1\,000) \tag{4-2}$$

式中：a——记录纸每小格代表的氧量（μmol），根据灵敏度标定求得；

N——测定光合速率时记录笔向右走的小格数；

A——叶面积（cm^2）；

t——测定时间（min），即记录纸走纸距离（mm）/走速（mm/min）；

$44/1\,000$——氧气的 μmol 换算为二氧化碳的 mg。

（三）红外线 CO_2 分析法

实验目的

1. 了解红外线 CO_2 分析法测定叶片光合速率的原理。
2. 掌握用 LI-6400 光合仪测定叶片光合参数的步骤和方法。

实验原理

红外线 CO_2 气体分析仪（IRGA）工作原理如下：许多由异原子组成的气体分子如 CO_2、H_2O 等对红外线都有特异的吸收带。CO_2 的红外吸收带有 4 处，其吸收峰分别在 2.69 μm、2.77 μm、4.26 μm 和 14.99 μm 处，其中只有 4.26 μm 的吸收带不与 H_2O 的吸收带重叠，红外仪内设置仅让 4.26 μm 红外光通过滤光片，当该波长的红外光经过含有 CO_2 的气体时，能量就因 CO_2 的吸收而降低，降低的多少与 CO_2 的浓度有关，并服从朗伯-比尔（Lambert-beer）定律。红外仪的检测器便可通过检测红外光能量的变化而输出反应 CO_2 浓度的电信号。

把植物叶片放入叶室,通过测定照光(或遮光)条件下叶室进出口之间的 CO_2 浓度差,根据叶片面积,就可以计算光合(呼吸)速率。LI-6400 光合作用测定仪(图 4-1)是目前国内外应用最多、稳定性最好的便携式光合作用测量系统。其开路式系统,保证了叶室内外环境条件的一致与同步变化的同时,也保证了被测量叶片的环境因子的稳定;可自动或手动控制叶室内部的环境条件;具有多个自动测量程序,如光响应曲线、CO_2 响应曲线、光诱导曲线、光呼吸曲线、荧光 CO_2 响应曲线、荧光光响应曲线、荧光动力学曲线、荧光循环曲线等。多年的实践表明,即使在野外恶劣的环境条件下,LI-6400 光合作用测定仪的分析器和传感器依然能够保持强大的功能和较高可靠性。

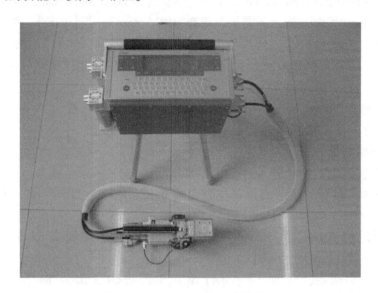

图 4-1　LI-6400 光合作用测定仪

实验器材与实验试剂

1. 实验器材
植物连体叶片、LI-6400 光合作用测定仪。

2. 实验试剂
干燥剂、碱石灰。

实验步骤

1. 硬件连接
用电缆管线将主机和分析器头连接,取下外置光量子传感器红色盖帽,在进气口(Inlet)连接上缓冲瓶。

2. 开机
打开电源开关启动 LI-6400,仪器初始化后,显示配置选择界面,请选择相应的叶室配置,按【enter】进入。随后仪器显示"Is the Chamber/IRGA connected?(Y/N)",选择"Y",系统即进入主界面。

3. 仪器预热 10 min 或更长时间

按【F3】进入测量子菜单(New Measurement)。检查 h 行参数温度(Tblock、Tair 和 Tleaf)数值是否正常，检查光源、g 行(ParIn_ μm 和 ParOut_ μm)数值是否正常，检查流量控制(1 行菜单下按【F2】)，设定 1 000，检查是否能升到 700 以上。

4. 预热后检查及调零

保证空叶室且关闭，使用新鲜的碱石灰和干燥剂，将化学管全部旋转到完全 Scrub 状态。检查是否漏气[在叶室周围吹气，CO_2_S(样品室 CO_2 浓度)变化是否超过 1 μmol/mol]。检查 a 行 CO_2 是否能降到±5 μmol/mol、H_2O 是否能降到±0.5 mmol/mol。如达不到标准，按【F3】进入 Calib Menu 界面，按上下箭头，选择"IRGA Zero"，按【enter】。按【Y】继续。只校准 CO_2，则按【F1(Auto CO_2)】；只校准 H_2O，则按【F2(Auto H_2O)】；两个都校准，则按【F3(Auto All)】，当 CO_2 和 H_2O 分别稳定在±1 和 0.1 以内时，则按【F5(quit)】，再按【esc】退到上一级菜单。

按上下箭头选择"View, Store Zeros & Spans"，按【enter】，按【F1(store)】，根据提示，按【Y】，直到保存完毕，按【enter】，连按【esc】，退出，校准完毕。

5. 夹叶片开始测量

①在开机状态下，按【F4】进入主菜单。

②将两个化学药品管的调节旋钮都拧到完全 Bypass 状态。打开叶室，夹好测量的植物叶片。

③按【1】再按【F1(Open LogFile)】，选择文件保存的位置(主机 or CF 卡)建立一个文件，按【enter】，输入一个 remark，再按【enter】。

④等待 a 行参数稳定，对比一下；b 行 ΔCO_2 值波动<0.2 μmol/mol；Photo 值稳定在小数点后一位；c 行参数在正常范围(0<Cond<1、Ci>0、Tr>0)。

⑤按【1】，再按【F1(Log)】记录数据。

⑥更换另一叶片，重复步骤③~⑤，进行测量。至少半小时进行一次对比。

⑦测量完毕，按【1】，再按【F3(Close file)】，保存数据文件。

⑧按【esc】，退回主界面，关机。

📢 **注意事项**

1. 红外仪的滤光效果并不十分理想，水蒸气是干扰测定的主要因素，因此，取样器干燥管内的氯化钙要经常更换，更要避免氯化钙吸水溶解进入分析气室。分析气室是红外仪的要害部件，价格昂贵，一旦被具有腐蚀性的氯化钙饱和溶液污染便无法正确测量，应特别注意保护。

2. 当从黑暗中转移叶片到光下或从弱光下转移到强光下时，叶片的光合作用需要经过一个或长或短的诱导期才能达到光合速率较高的稳态。

🚩 **思考题**

1. 在大田试验中，取材和测量顺序等方面应该注意哪些问题？

2. 比较改良半叶法、红外线 CO_2 分析法和氧电极法之间的优缺点。

第三节　光响应曲线和 CO_2 响应曲线的制作

实验目的

了解并掌握光响应曲线和 CO_2 响应曲线的制作方法。

实验原理

通过改变叶室内的 CO_2 浓度和光强度，测定植物在不同状况下的光合速率，可以制作植物的光响应曲线和 CO_2 响应曲线，进而测定出植物的 CO_2 补偿点、CO_2 饱和点、光补偿点、光饱和点、植物的羧化效率、表观光合量子效率等参数。这是研究植物光合能力的重要手段。

Ciras-2 便携式光合作用系统具有全自动控制叶室 CO_2 浓度和光强度的功能，因此可以通过测定不同 CO_2 浓度以及不同光强度下的光合速率，制作植物的植物光响应曲线和 CO_2 响应曲线，同时可由此测出植物的 CO_2 补偿点、CO_2 饱和点、光补偿点、光饱和点、植物的羧化效率、表观光合量子效率等。

实验器材与实验试剂

1. 实验器材

玉米（C_4 植物）或菜豆（C_3 植物）幼苗、Ciras-2 便携式光合作用系统；配备 CO_2 压缩气体钢瓶（提供 CO_2）、CO_2 控制器、卤灯光源或 LED 光源（提供不同光强的光）。

2. 实验试剂

氢氧化钙、氯化钙。

实验步骤

①实验前一天为主机电池、掌上电脑、卤灯光源蓄电池充电。同时检查 CO_2 吸附剂氢氧化钙、吸水剂（氯化钙），如果 CO_2 吸附剂和吸水剂有近一半变色，须按说明进行更换。

②实验时将主机与叶室手柄连接，在 CO_2 控制器内装入新的压缩 CO_2 气体钢瓶，将 CO_2 控制器安装到主机上，将卤灯光源或 LED 光源连接装到叶室上方，若用卤灯光源须为其提供蓄电池。

③打开光合仪主机电源。

④打开掌上电脑，双击 Crias-RCS，进入 Crias 控制功能。

⑤键入用户名进入 Ciras 登录。

⑥进入操作界面，系统约需 10 min 的时间进行预热，同时系统自动进行 IRGA 调零并对参比室和叶室的 IRGA 进行差分平衡。

⑦打开叶室，夹入叶片。

⑧点击 Setting 菜单，进行系统设置；点击 Cuvette Environment 设定叶室参数。
⑨点击 Records，从中选择 Response curves 来记录实验结果。
⑩在 Response curves 菜单中，设计 CO_2 浓度和光强度表(表4-2)。

表4-2 CO_2 浓度和光强度表

编号	1	2	3	4	5	6	7	8	9	10	11	12	13
CO_2 浓度	0	50	100	200	300	400	500	500	500	500	500	500	500
光强度	1 000	1 000	1 000	1 000	1 000	1 000	1 000	800	600	400	200	100	0

表4-2中的1~7号，测定的是不同 CO_2 浓度下植物的光合作用参数；7~13号，测定的是不同光强度下植物的光合作用参数。作用的植物是 C_4 植物玉米，所以表中设计的 CO_2 浓度较低，最高值略高于大气 CO_2 浓度即可测到玉米的 CO_2 的饱和现象。如果实验植物用的是 C_3 植物，表中的 CO_2 浓度应相应增加到 1 200~1 400 mg/L 甚至更高才有可能出现 CO_2 饱和现象(在设计曲线时应注意：测 CO_2 浓度对光合作用的影响时应固定光强度，而测光强度对光合的影响时要固定 CO_2 浓度，建议先用较高的光强度和较低的 CO_2 浓度诱导植物的气孔开放)。

⑪设定测量每个记录间的时间，为使植物有充分的时间适应所设定的 CO_2 浓度和光强度，每两个记录间隔最少应设定 180~240 s。
⑫按"OK"键确定，同时命名一个文件储存实验数据。
⑬在系统达到第一个设定的叶室参数时(参比室 CO_2 浓度为0，光强度为 1 000 lx)，按 "START"键，仪器开始自动记录。
⑭仪器按顺序测定完所有的记录后，显示"是否再进行下一个反应曲线的测定"，选择 "NO"退出响应曲线的制作。
⑮退出系统。关闭主机、关闭掌上电脑。取下叶室、光源、主机充电电池。
⑯结果分析

结果输出时，尤其要记录大气 CO_2 浓度(Cr)、光照强度(PAR)、胞间 CO_2 浓度(Ci)、光合速率(Pn)、气孔导度(Cond)和蒸腾速率(Tr)，并填写入表4-3中。

表4-3 实验结果记录表

编号	1	2	3	4	5	6	7	8	9	10	11	12	13
Cr													
PAR													
Ci													
Pn													
Cond													
Tr													

将1~7号数据以 Cr 为横坐标，Pn 为纵坐标作图，得到 Pn-Cr 曲线(图4-2)。CO_2 浓度较低时，该段曲线为一直线，直线与 Pn=0 线的交叉点所对应的 CO_2 浓度即为植物的 CO_2 补

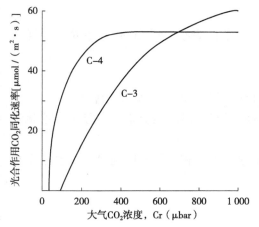

图 4-2　光合作用与大气 CO_2 浓度(C_r)的关系

($1\text{ bar}=1\times10^5\text{ Pa}$)

偿点，随 CO_2 浓度升高到一定程度，光合速率不再继续升高时的 CO_2 浓度即为植物的 CO_2 饱和点。

将 1~7 号数据以 C_i 为横坐标，P_n 为纵坐标作图 4-3，得到 P_n-C_i 曲线(又称 A-C_i 曲线)。在 CO_2 浓度较低时，该段曲线为一直线，直线的斜率称为该植物的羧化效率，羧化效率的高低反映了植物的核酮糖-1,5-二磷酸羧化酶(RuBPCase)的活性。

将 7~13 号数据以光强度为横坐标，以 P_n 为纵坐标作图，得到 P_n-PAR 曲线(又称光曲线)，如图 4-4 所示，在光强度较低时，该曲线为一直线，直线与 $P_n=0$ 的交叉点所对应的光强度即为植物的光补偿点，直线的斜率即为植物的表观

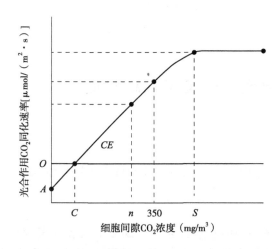

图 4-3　光合作用与胞间 CO_2 浓度(C_i)曲线模式图

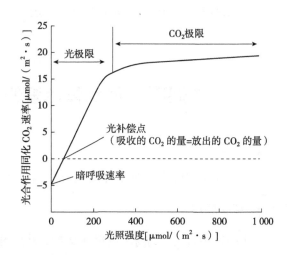

图 4-4　光合作用与光照强度(PAR)曲线模式图

光合量子效率。表观光合量子效率反映了植物对光的利用效率。随着光强度的增加，P_n 不再继续升高的点即为光饱和点。

📢 **注意事项**

1. Ciras-2 系统不能有水进入，在仪器中不能使用水泡流量计或水压计。

2. 只能使用 PP Svstems 公司提供的电源或充电电池为 Ciras-2 供电，使用任何其他的电源引起的仪器故障将不承担保修。

3. Ciras-2 使用的电池是氢化镍型电池，在不使用仪器时电池仍然慢慢地耗电。因此，在使用仪器之前必须给电池充电。

4. 在携带备用电池时，电池的接线端要用绝缘套保护起来。

5. 所有安装到 Ciras-2 上的电插头都在连接套上标有红色圆点，必须正确安装到与之相匹配的插孔中，并且要插牢使接口锁住。在拔出插头时，应向后拔拉插头前面的连接套，不

能拔拉连接器本身或者连接线。

6. 当使用自备的 CO_2 钢瓶供气时，不要将 CO_2 钢瓶直接连接到 Ciras-2 系统，要通过可以排放到大气的"T"形管进行连接。

7. 保持主机在垂直位置操作运行 Ciras-2 系统。

8. 存放叶室时，应该将叶室处于打开状态，防止海面垫长期挤压而失去弹性。

9. 如果打开电源开关时 Ciras 主机不能启动，或者只有泵启动但屏幕没有显示，应检查电池是否充满电。

10. 如果需要向厂家或代理商咨询，请提供存储器的版本和仪器的序列号。这些信息在仪器底部。

思考题

1. 假设所用的植物为 C_3 植物，将如何设计 CO_2 浓度和光强度梯度？
2. C_3 植物与 C_4 植物的 CO_2 补偿点、CO_2 饱和点、光饱和点有何区别？
3. 观察气孔导度、蒸腾速率随光强度、CO_2 浓度的变化，并思考其原因。

第四节　叶绿体色素的提取、分离及理化性质

实验目的

学习和掌握叶绿体色素提取和分离的方法，了解叶绿体色素的荧光现象等理化性质。

实验原理

叶绿体中含有叶绿素（包括叶绿素 a 和叶绿素 b）和黄色素（包括类胡萝卜素和叶黄素）两大类。它们与类囊体膜上的蛋白质相结合，而成为色素蛋白复合体，这两类色素都不溶于水，而溶于有机溶剂，故可用乙醇、丙酮等有机溶剂提取。提取液可用色层分析的原理加以分离。因吸附剂对不同物质的吸附力不同，当用适当的溶剂推动时，混合物中各成分在两相（固定相和流动相）间具有不同的分配系数，所以它们的移动速度不同，经过一定时间层析后，便可将混合色素分离。

叶绿素的化学性质很不稳定，容易受到强光的破坏，叶绿素吸收光量子而转变成激发态，激发态的叶绿素分子很不稳定，当它变回到基态时可发射出红光量子，因而产生荧光。叶绿素中的镁离子可以被 H^+ 所取代而形成褐色的去镁叶绿素，后者遇铜离子则形成绿色的铜代叶绿素，铜代叶绿素很稳定，在光下不易被破坏，故常用此法制作绿色多汁植物的浸渍标本。

实验器材与实验试剂

1. 实验器材

新鲜绿色植物叶片、电子天平、研钵、试管、量筒、滤纸、容量瓶、漏斗、酒精灯、培

养皿、康维皿。

2. 实验试剂

95%乙醇、石英砂、碳酸钙粉末、醋酸铜粉末、浓盐酸、推动剂（按石油醚∶丙酮∶苯＝10∶2∶1比例配制）。

实验步骤

1. 叶绿体色素的提取

取新鲜绿色植物叶片，擦净表面污物并去掉中脉。用电子天平称取0.5~1 g叶片剪碎放入研钵中，加少量石英砂、碳酸钙粉末及2~3 mL 95%乙醇，研磨至匀浆，再加10~15 mL 95%乙醇，提取3~5 min。上清液用滤纸过滤到25 mL容量瓶中，用少量95%乙醇冲洗研钵、研棒及残渣，最后连同残渣一起过滤（直至滤纸和残渣中无绿色为止），最后用乙醇定容至25 mL，摇匀。

2. 叶绿体色素的分离

①取圆形定性滤纸一张（直径11 cm），在其中心戳一圆形小孔（直径约3 mm）。另取一张滤纸条（5 cm×1.5 cm），用滴管吸取乙醇叶绿体色素提取液沿纸条的长度方向涂在纸条的一边，使色素扩散的宽度限制在0.5 cm以内，风干后，再重复操作数次，然后沿长度方向卷成纸捻，使浸过叶绿体色素溶液的一侧恰在纸捻的一端。

②将纸捻带有色素的一端插入圆形滤纸的小孔中，使之与滤纸刚刚平齐（勿凸出）。

③在培养皿内放一康维皿，在康维皿中央小室中加入适量的推动剂，把带有纸捻的圆形滤纸平放在康维皿上，使纸捻下端浸入推动剂中。迅速盖好培养皿。此时，推动剂借毛细管引力顺纸捻扩散至圆形滤纸上，并把叶绿体色素向四周推动，不久即可看到各种色素的同心圆环。如无康维皿，也可在培养皿中放入一平底短玻管或塑料药瓶盖，以盛装推动剂。所用培养皿底、盖直径应相同，且应略小于滤纸直径，以便将滤纸架在培养皿边缘上。

④当推动剂前沿接近滤纸边缘时，取出滤纸，风干，即可看到分离的各种色素：叶绿素a为蓝绿色，叶绿素b为黄绿色，叶黄素为鲜黄色，类胡萝卜素为橙黄色。用铅笔标出各种色素的位置和名称。

3. 叶绿体色素的理化性质

①光对叶绿素的破坏作用　取叶绿体色素提取液少许，分装2支试管中，一支放在黑暗处（或用黑纸套包裹），另一支放在强光下（阳光下），经过2~3 h后，对比观察颜色有何变化，分析其原因。

②荧光现象的观察　取叶绿体色素提取液少许于1支试管中，用反射光和透射光观察提取液的颜色有何不同，反射光下观察到的提取液颜色即为叶绿素产生的荧光颜色。

③ Cu^{2+} 在叶绿素中的替代作用　取叶绿体色素提取液少许于试管中，逐滴加入浓盐酸直至溶液出现褐绿色，此时，叶绿素分子转化为去镁叶绿素。然后加入醋酸铜粉末少许，于酒精灯上慢慢加热溶液，观察溶液颜色变化情况，分析其颜色变化原因。

注意事项

1. 为了避免叶绿素的光分解，研磨时间应尽可能短，并在弱光下操作。

2. 纸层析时，纸芯一定要卷实，分离色素用的圆形滤纸在中心打的小圆孔周围必须整齐，否则分离的色素不是一个同心圆。

3. 实验用的有机溶剂较多，且都易挥发，取用时动作要快，取用后要随时加盖。

思考题

1. 提取叶绿体色素时加入碳酸钙有什么作用？
2. 叶绿素 a、叶绿素 b、叶黄素和类胡萝卜素在滤纸上的分离速度不一样，这与它们的分子质量有关吗？
3. 什么是叶绿素的荧光现象？研究荧光现象有何意义？
4. 从叶绿素 a、叶绿素 b、类胡萝卜素和叶黄素的吸收光谱讨论其生理意义。

第五节　叶绿素含量的测定

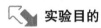

实验目的

掌握叶绿素含量的测定和计算方法。

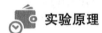

实验原理

根据叶绿体色素提取液对可见光谱的吸收，利用分光光度计在某一特定波长下测定其光密度，即可用公式计算出提取液中各色素的含量。根据朗伯-比尔定律，某有色溶液的光密度 OD 与其中溶质浓度 C 和液层厚度 L 成正比，即：$OD=kCL$，k 为比例常数。当溶液浓度以摩尔分数为单位，液层厚度为 1 cm 时，k 为该物质的比吸收系数。各种有色物质溶液在不同波长下的比吸收系数可通过测定已知浓度的纯物质在不同波长下的光密度而求得。

如果溶液中有数种吸光物质，则此混合液在某一波长下的总光密度等于各组分在相应波长下光密度的总和，这就是光密度的加和性。测定叶绿体色素混合提取液中叶绿素 a、b 和类胡萝卜素的含量，只需测定该提取液在 3 个特定波长下的光密度 OD，并根据叶绿素 a、b 及类胡萝卜素在该波长下的比吸收系数即可求出其浓度。在测定叶绿素 a、b 时为了排除类胡萝卜素的干扰，所用单色光的波长选择叶绿素在红光区的最大吸收峰。

已知叶绿素 a、b 的 80% 丙酮提取液在红光区的最大吸收峰分别为 663 nm 和 645 nm，又知在波长 663 nm 下，叶绿素 a、b 在该溶液中的比吸收系数分别为 82.04 和 9.27，在波长 645 nm 下分别为 16.75 和 45.60，可根据加和性原则列出以下关系式：

$OD_{663} = 82.04C_a + 9.27C_b$；$OD_{645} = 16.75C_a + 45.60C_b$，其中 OD_{663} 和 OD_{645} 为叶绿素溶液在波长 663 nm 和 645 nm 时的光密度，C_a、C_b 分别为叶绿素 a 和 b 的浓度，以 mg/L 为单位。解方程，得：

$$C_a = 12.72 OD_{663} - 2.59 OD_{645}$$
$$C_b = 22.88 OD_{645} - 4.67 OD_{663}$$

将 C_a 与 C_b 相加即得叶绿素总量（C_T）：

$$C_T = C_a + C_b = 20.29OD_{645} + 8.05OD_{663}$$

另外，由于叶绿素 a、b 在 652 nm 的吸收峰相交，两者有相同的比吸收系数（均为 34.5），也可以在此波长下测定一次光密度（OD_{652}）而求出叶绿素 a、b 总量：

$$C_T = (OD_{652} \times 1\,000)/34.5$$

在有叶绿素存在的条件下，用分光光度法可同时测定出溶液中类胡萝卜素的含量。

Lichtenthaler 等对 Arnon 法进行了修正，提出了 80% 丙酮提取液中 3 种色素含量的计算公式：

$$C_a = 12.21OD_{663} - 2.81OD_{646}$$
$$C_b = 20.13OD_{646} - 5.03OD_{663}$$
$$C_{x \cdot c} = (1\,000OD_{470} - 3.27C_a - 104C_b)/229$$

式中：OD_{663}——叶绿体色素提取液在波长 663 nm 下的光密度；

　　　OD_{646}——叶绿体色素提取液在波长 646 nm 下的光密度；

　　　OD_{470}——叶绿体色素提取液在波长 470 nm 下的光密度；

　C_a、C_b——叶绿素 a 和 b 的浓度；

　　$C_{x \cdot c}$——类胡萝卜素的总浓度。

叶绿体色素在不同溶剂中的吸收光谱有差异，因此，在使用其他溶剂提取色素时，计算公式也有所不同。叶绿素 a、b 在 95% 乙醇中最大吸收峰的波长分别为 665 nm 和 649 nm，类胡萝卜素为 470 nm，可据此列出以下关系式：

$$C_a = 13.95OD_{665} - 6.88OD_{649}$$
$$C_b = 24.96OD_{649} - 7.32OD_{665}$$
$$C_{x \cdot c} = (1\,000OD_{470} - 2.05C_a - 114.8C_b)/245$$

最后根据式（4-3）可进一步求出植物组织中叶绿素的含量：

$$叶绿素的含量(mg/g) = \frac{叶绿素的浓度 \times 提取液体积 \times 稀释倍数}{样品鲜重（或干重）} \tag{4-3}$$

实验器材与实验试剂

1. 实验器材

新鲜绿色植物叶片、电子天平、研钵、试管、量筒、漏斗、滤纸、容量瓶、分光光度计。

2. 实验试剂

95% 乙醇、石英砂、碳酸钙粉末。

实验步骤

①取新鲜绿色植物叶片，擦净表面污物并去掉中脉。

②用电子天平称取 0.5~1 g 叶片剪碎放入研钵中，加少量石英砂、碳酸钙粉末及 2~3 mL 95% 乙醇，研磨至匀浆，再加 10~15 mL 95% 乙醇，提取 3~5 min。

③上清液用滤纸过滤到 25 mL 容量瓶中，用少量 95% 乙醇冲洗研钵、研棒及残渣，最后连同残渣一起过滤（直至滤纸和残渣中无绿色为止），最后用乙醇定容至 25 mL，摇匀。

④把叶绿体色素提取液（可根据溶液浓度适当稀释）倒入光径 1 cm 的比色杯中。以 95% 乙醇为空白对照，用分光光度计分别测定 OD_{665} 和 OD_{649} 值，并根据公式计算叶绿素 a、b 含

量，叶绿素总含量及每克鲜重（或干重）的含量。

📢 注意事项

1. 光合色素在光下容易分解，操作时应在避光条件下进行，并且研磨时间应尽量短。
2. 叶绿体色素提取液不能混浊，否则要用离心机离心后才能比色。
3. 注意在用不同的提取液提取光合色素时，要选用不同的吸收波长及对应的计算公式，不能混用，否则计算结果会出现严重偏差。

🚩 思考题

1. 测定叶绿素含量时为什么要选用红光区的吸收峰而不选用蓝紫光区的吸收峰？
2. 试比较阴生植物和阳生植物的叶绿素 a、b 的比值有何不同？
3. 用不含水的有机溶剂如无水乙醇、无水丙酮等提取植物材料特别是干材料的叶绿体色素往往效果不佳，原因何在？

第六节　磷酸烯醇式丙酮酸羧化酶活性的测定

🔖 实验目的

了解并掌握磷酸烯醇式丙酮酸羧化酶活性的测定原理及方法。

🔬 实验原理

磷酸烯醇式丙酮酸羧化酶（PEPC）广泛存在于植物的根、茎、叶、果实等器官中，催化磷酸烯醇式丙酮酸（PEP）和 HCO_3^- 的羧化形成草酰乙酸（反应是不可逆的）。此酶在 C_4 植物叶片中起着固定初 CO_2 的作用，是光合 C_4 途径中的关键酶。其催化反应式如下：

$$PEP + HCO_3^- \longrightarrow 草酰乙酸（OAA） + Pi$$

1. 偶联法测 PEP 羧化酶活性

PEP 羧化酶在有 PEP、HCO_3^- 和 Mg^{2+} 存在时形成草酰乙酸，而草酰乙酸在 $NADH_2$ 及苹果酸脱氢酶存在下可生成苹果酸与烟酰胺腺嘌呤二核苷酸（NAD），其形成的速度可在分光光度计的 340 nm 处进行测定。

2. 同位素法

同位素法是根据形成的 ^{14}C-OAA 计算酶活力。

📊 实验器材与实验试剂

1. 实验器材

八角金盘、大叶黄杨等 C_4 植物叶片，紫外分光光度计、冷冻离心机、离心管、微量取样器、液体闪烁计数器。

2. 实验试剂

①PEP 羧化酶抽提缓冲液　内含 0.1 mol pH 8.3 Tris-H$_2$SO$_4$缓冲液(7 mmol β-巯基乙醇、1 mmol EDTA、5%甘油)。

②酶反应缓冲液贮备液　内含 0.1 mol pH 9.2 Tris-H$_2$SO$_4$缓冲液、10 mmol 氯化镁、10 mmol碳酸氢钠或 10 mmol NaH^{14}CO$_3$(6 μCi/mL)、40 mmol 磷酸烯醇式丙酮酸、1 mg/mL NADH+H$^+$、1 000 U/mL 苹果酸脱氢酶。

实验步骤

1. PEP 羧化酶提取

取 C$_4$植物叶片 0.1 g,于液氮中研成粉末,加冷 PEP 羧化酶提取液 1~2 mL 成匀浆,以 15 000 r/min 离心力高速离心 10 min,取上清液用于酶活力分析。

2. 活力分析

①偶联法　配制反应液,使最终浓度中各成分含量为 33 mmol pH 9.2 Tris-H$_2$SO$_4$、33 mmol/L 氯化镁、3.3 mmol/L 碳酸氢钠、0.1 mg/mL NADH+H$^+$、10 U/mL 苹果酸脱氢酶、0.1 mL/mL 粗提液,于 25℃保温,在加入最终浓度为 1.3 μmol/L 的 PEP 后每分钟测定一次酶活力。

②^{14}C 同位素法　配制反应液使最终浓度中各成分含量为 33 mmol/L pH 9.2 Tris-H$_2$SO$_4$、3.3 mmol/L氯化镁、3.3 mmol/L NaH^{14}CO$_3$(2 μCi/mL)、0.05 mL 酶粗提液,并使总体积为 0.5 mL,在 25℃下反应 5~10 min,加入 1:1 的 2 mol 盐酸终止反应,取 0.8 mL 用液体闪烁计数器测定放射性强度。

3. 结果计算

①偶联法　用偶联法计算 PEP 羧化酶活力的公式见式(4-4):

$$\text{PEP 羧化酶活力}[CO_2 \mu mol/(g \cdot FW \cdot min)] = \frac{\Delta OD \times V}{§ \times d \times \Delta t \times v} \times 10 \div 2 \qquad (4-4)$$

式中:ΔOD——反应前后 340 nm OD 差;

V——提取酶液总体积(mL);

$§$——1 μmol NADH+H$^+$的消光系数;

d——比色杯光径(cm);

Δt——测定时间(min);

v——参加反应的酶体积(mL);

10——重量换算系数;

2——每固定 1 μmol CO$_2$有 2 μmol NADH+H$^+$被氧化。

②^{14}C 同位素法　用^{14}C 同位素法计算 PEP 羧化酶活力的公式见式(4-5):

$$\text{PEP 羧化酶活力}[CO_2 \mu mol/(g \cdot FW \cdot min)] = \frac{\Delta dpm \times V}{§ \times t \times v} \times 10 \times 1.25 \qquad (4-5)$$

式中:Δdpm——样品 dpm-本底 dpm;

V——提取酶液总体积(mL);

$§$——1 μmol NAH^{14}CO$_3$的 dpm;

t——反应时间(min);

v——加入的酶体积(mL);

10——重量换算系数;

1.25——反应后体积 1 mL 与取出测定的体积 0.8 mL 的比值。

注意事项

1. 酶的提取应在 0~4℃进行,反应液混合时间不能过久。
2. 使用同位素法应严格遵守同位素操作规程。

思考题

为什么酶的提取应在 0~4℃进行,反应液混合时间不能过久?

第七节　核酮糖-1,5-二磷酸羧化酶定量分析

实验目的

了解并掌握核酮糖-1,5-二磷酸羧化酶(Rubisco)定量分析的原理和方法。

实验原理

当琼脂胶上交联有某一蛋白(抗原)的抗血清(抗体)时,只有该抗原才能与抗体形成沉淀线,而一定范围内形成沉淀线的圆面积与抗原量成正比。当把其他蛋白冲洗干净后,用考马斯亮蓝 R25 染色,则可测出沉淀线包围的圆面积,依此再利用标准样品可计算待测样品中该蛋白的含量。核酮糖-1,5-二磷酸羧化酶(Rubisco)是植物绿色叶片中含量最高的可溶性蛋白,约占总可溶性蛋白的一半以上。光合作用研究中常常需要测定 Rubisco 的含量,本实验采用免疫扩散法测定 Rubisco 含量。

实验器材与实验试剂

1. 实验器材

八角金盘、大叶黄杨等植物叶片、恒温箱、带盖搪瓷盘、普通玻璃板、塑料框架(厚 1.5 mm,中间有 6.6 cm×11 cm 矩形孔,边框宽 0.5~1 cm)、电炉、三角瓶、电子天平、滤纸、吸水面巾纸、电热吹风机、真空水泵、打孔器。

2. 实验试剂

Rubisco 抗血清(兔子抗血清琼扩效价大于 64)、200、400、600、800、1 000 mg/mL 纯化 Rubisco 标样、Rubisco 粗提液、琼脂胶缓冲液、0.9%氯化钠、染色液、脱色液、Rubisco 提取介质。

①琼脂胶缓冲液　内含 50 mmol pH 7.0 Tris-HCl(成分有 0.9% 氯化钠和 15 mmol NaN_3)。

②染色液　内含 0.2%考马斯亮蓝 R-250、10%乙酸、25%异丙醇水溶液。

③脱色液　内含10%乙酸、25%异丙醇水溶液。
④Rubisco提取介质　40 mmol/L pH 7.6 Tris-HCl缓冲溶液，内含10 mmol/L氯化镁、0.25 mmol/L EDTA、5 mmol/L谷胱甘肽。

实验步骤

1. 酶粗提液的制备

取新鲜植物叶片10 g，洗净擦干，放匀浆器中，加入10 mL预冷的提取介质，高速匀浆30 s，停30 s，交替进行3次；匀浆经4层纱布过滤，滤液于20 000 r/min 4℃下离心15 min，弃沉淀；上清液即酶粗提液，置0℃保存备用。

2. 制胶

按所需胶块大小计算胶用量，具体用量可参照下列：设胶厚0.2 cm，宽6.6 cm，长10 cm，则用量为13.2 mL(0.2×6.6×10)，胶浓度为1%。称取琼脂粉0.132 g，加琼脂缓液13.2 mL加热溶解。另用1%的琼脂溶解后先把塑料框架固定在玻璃板上，把内框多余琼脂用真空水泵吸去。待琼脂胶刚好冷却到55℃时加入适量Rubisco抗血清(抗血清用量为4 μL/mL琼脂胶)，迅速混匀后倒入塑料框内，待胶凝固后打孔。

3. 打孔点样

用打孔器按1.1 cm×1.1 cm孔径均匀打孔，并用真空水泵吸去孔中琼脂胶，然后分别在每个孔中点上标样和Rubisco粗提液2 μL，重复4次以上。将胶板放入装有吸饱水的数层滤纸搪瓷盘中，加盖置于25℃恒温箱中48 h。

4. 染色脱色测定

取出胶板并浸入含0.9% NaCl的塑料盘中轻拌30 min，去除其他杂蛋白，再用蒸馏水冲洗数次后去掉塑料框架。胶上覆3层滤纸及20~30层吸水面巾纸，上压约1 kg重量书一本，30 min后去除书及纸，用电热吹风机均匀吹干胶至透明，再浸入染色液中染至蓝色(10~20 min)，取出后用蒸馏水冲洗数次，浸入脱色液中脱色，直至留下清晰的沉淀圆而其他部分无色为止，再用电热吹风机吹干。

分别测出标样和待测样圆面积，用标样浓度和面积制作标准曲线，并根据待测样面积，获得样品Rubisco含量。

5. 结果计算

Rubisco含量的计算公式如式(4-6)所示：

$$\text{Rubisco 含量}[mg/(g \cdot FW)] = \text{标准曲线查得的 Rubisco} \times \frac{\text{样品总体积}}{\text{取样叶片重}} \quad (4-6)$$

注意事项

1. 打孔距离及孔径应均匀一致。
2. 在加入0.9% NaCl时应用磁力搅拌器轻轻搅拌，以防胶从玻璃板中脱落。

思考题

为什么打孔距离及孔径应均匀一致？

第八节　ATP 酶活性测定

实验目的

了解并掌握三磷酸腺苷酶(ATP)活性测定的原理及方法。

实验原理

ATP 酶(adenosinetriphosphatase)可催化 ATP 水解生成 ADP 及无机磷的反应，放出大量能量，以供生物体进行各需要能量的生命过程。它存在于生物细胞的多个部位，比如细胞质膜、叶绿体类囊体膜上，对整个生命的维持有着重要的作用。在生物学研究中，常通过测定酶促反应释放的无机磷量或 ATP 的减少量以及 pH 变化等来测定 ATP 酶的活力。本实验通过测酶促反应过程中无机磷的释放量来测定叶绿体偶联因子 ATPase 的活力。偶联因子是分布在叶绿体类囊体膜表面的一种复合蛋白，它在光合作用能量转换反应中起重要作用。在正常情况下，膜上的偶联因子催化光合磷酸化反应(ATP 合成)的速率很高，而水解 ATP 的活力是十分低的，但用二硫苏糖醇(DTT)、胰蛋白酶或较高温度等激活后，它水解 ATP 的活力可大大增加。因此，偶联因子的测定常用激活后的 ATPase 水解 ATP 的活力来表示。

实验器材与实验试剂

1. 实验器材

新鲜八角金盘、大叶黄杨等植物叶片、分光光度计、水浴锅、研钵(组织捣碎机)、纱布、照光设备(光源 50 000 lx)、离心机。

2. 实验试剂

三氯乙酸、丙酮、0.02 mol/L 抗坏血酸钠、50 mmol/L 二硫苏糖醇 DTT、0.5 mmol/L 二氮蒽甲硫酸 PMS、Mg^{2+}-ATP 酶激活液及反应液、1 mol/L pH 8.0 Tris-HCl 缓冲液、5 mol/L 硫酸溶液、10%硫酸钼酸铵溶液、硫酸亚铁-钼酸铵实验试剂、STN 缓冲液、不同浓度的无机磷酸盐。

①1 mol/L pH 8.0 Tris-HCl 缓冲液　称 60.57 g Tris 溶于 400 mL 蒸馏水中，用浓盐酸调至 pH 8.0，再加蒸馏水至 500 mL。

②5 mol/L 硫酸溶液　取 27.8 mL(比重 1.84)浓硫酸，慢慢加入 70 mL 蒸馏水中，冷却后定容至 100 mL。

③10%硫酸钼酸铵溶液　称 10 g 钼酸铵溶于 100 mL 5 mol/L 硫酸中。

④硫酸亚铁-钼酸铵实验试剂　称 5 g 硫酸亚铁，加入 10mL 硫酸钼酸铵，再加蒸馏水稀释到 70 mL，直至溶解为止(用前临时配制)。

⑤STN 缓冲液　将 0.05 mol/L Tris-HCl pH 7.8 缓冲液(内含 0.4 mol/L 蔗糖、0.01 mol/L NaCl)放入冰箱中预冷。

⑥Mg^{2+}-ATP 酶激活液及反应液的配制,具体见表 4-4。
⑦不同浓度的无机磷酸盐的配制,具体见表 4-5。

表 4-4　Mg^{2+}-ATP 酶激活液的配制

试剂	激活液(mL)	试剂	反应液(mL)
0.25 mol/L Tris-HCl(pH 8.0)	0.2	0.5 mol/L Tris-HCl(pH 8.0)	0.1
0.5 mol/L 氯化钠	0.2	0.05 mol/L 氯化镁	0.1
0.05 mol/L 氯化镁	0.2	50 mmol/L ATP	0.1
50 mmol/L DTT	0.2	水	0.2
0.5 mmol/L PMS	1.0		

表 4-5　不同浓度的无机磷酸盐的配制

溶液(mL)	无机磷浓度($\mu mol/mL$)				
	0.1	0.2	0.3	0.4	0.5
0.001 mol/L 磷酸氢二钠	0.1	0.2	0.3	0.4	0.5
水	2.8	2.7	2.6	2.5	2.4
20%三氯乙酸	0.1	0.1	0.1	0.1	0.1
硫酸亚铁-钼酸铵试剂	2.0	2.0	2.0	2.0	2.0

实验步骤

1. 叶绿体制备及叶绿素含量测定

取准备好的去除叶脉的植物叶片 5 g,置于研钵或组织捣碎机杯中,加入 20 mL 0℃下预冷的 STN 缓冲液,很快研磨或捣碎(0.5 min 完成),做成匀浆,以四层纱布过滤去粗渣,滤液于 0~2℃下,200 r/min 离心约 1 min,去细胞碎片,将上清液再于 1 500 r/min 离心 5~7 min,取沉淀悬浮于少量 pH 7.8 STN 中,使叶绿素含量在 0.5 mg/mL 左右。一般取 0.1 mL 叶绿体,加 0.9 mL 水和 4 mL 丙酮(分析纯),离心,取上清液于 652 nm 测吸光度,按 Arnon 公式计算:

$$叶绿素含量 = A_{652} \times 1\,000 \times 5/(34.5 \times 1\,000 \times 0.1) = A_{652} \times 1.45 \text{ mg/mL}$$

2. ATP 酶的激活

①激活过程　取已制备好的叶绿体悬浮液 1 mL(叶绿素含量约为 0.1 mg/mL),加入 1 mL 激活液,于室温在白炽光 50 000 lx 下进行光激活 6 min。

②反应过程　取三支只试管,分别加入上述激活后的叶绿体悬浮液各 0.5 mL(剩下的叶绿体悬浮液供测定叶绿素含量用),再加入 0.5 mL 的反应液,取两管置 37℃水浴中(另一管置冰浴中作空白用)保温 10 min,各加入 0.1 mL 20%的三氯乙酸停止反应。用台式离心机离心后各取上清液 0.3~0.5 mL(取样量按活力大小而改变)供测定 ATP 水解的无机磷用。

③热处理激活　将叶绿体悬浮在 1 mL 含 20 mmol/L pH8.0 Tris-HCl、5 mmol/L DTT、

20 mmol/L ATP 的激活液中，置水浴中 64 ℃ 保温 4 min，于自来水冷却后按 Mg^{2+}-ATP 酶反应过程进行分析。

按式(4-7)计算 ATP 酶活力：

$$\text{单位时间内叶绿素的 ATP 酶活力}[\mu mol/(mg \cdot min)] = \frac{C \times V_r \times 1\,000}{V_s \times t \times W} \tag{4-7}$$

式中：C——从标准曲线上查得的无机磷含量(μmol/mL)；

V_r——反应体积(mL)；

W——叶绿素的质量(mg)；

V_s——测定时取用体积(mL)；

t——反应时间(min)。

3. 无机磷的测定

取反应后经离心的上清液 0.5 mL 加入 2.5 mL 蒸馏水，摇匀后加入 2 mL 硫酸亚铁-钼酸铵试剂，于室温放置 1 min 后显色即稳定，置分光光度计上用 660 nm 比色测定吸光度。

4. 无机磷标准曲线的制作

根据表 4-5 配制的不同浓度无机磷标准溶液，于分光光度计上用 660 nm 测定吸光度。以无机磷浓度作横坐标，所测得的吸光度作纵坐标，绘制标准曲线。

注意事项

1. 浓盐酸易挥发，刚打开时会有酸雾产生，使用时注意在无机通风橱打开。
2. 丙酮属于易燃性液体，使用时要远离火源。

思考题

在取材料时，为什么要去除叶脉？

第九节　希尔反应和光合磷酸化测定

实验目的

了解并掌握希尔反应和光合磷酸化测定的原理和方法。

实验原理

用 STN 提取并经分级离心的叶绿体碎片，具有完整的类囊体，把其放入一定的反应介质中给予光照，能通过反应中心的电子传递进行希尔反应和光合磷酸化。当用 FeCN 作为电子受体时，可通过测定亚铁氰化钾的含量，进行希尔反应定量分析；也可根据 2,6-二氯靛酚钠的还原或甲基紫精(MV)在光下的吸氧求出希尔反应活力。电子传递导致跨膜的 H^+ 梯度和电位差，能使 ADP 和 Pi 变为 ATP。当加入的 Pi 是 ^{32}Pi 时，就可测定其放射性强度，计算生成的 ATP 量。总反应如下：

$(Fe^{3+})FeCN+ADP+^{32}Pi \longrightarrow 亚铁氰化钾(Fe^{2+})+AT^{32}P+H_2O$

实验器材与实验试剂

1. 普通实验室

①实验器材　八角金盘、大叶黄杨等植物叶片、离心机、石英砂、遮光试管架、标本水缸、透明试管架、试管、移液管、500W白炽灯、分光光度计、研具、烧杯、纱布。

②实验试剂　0.2 mol/L pH 7.4 或 8.0 Tricine-NaOH 或 Tris-HCl、0.02 mol/L氯化镁、0.01 mol/L FeCN、0.1 mol/L ADP、0.02 mol/L 磷酸氢二钠、1 mol/L蔗糖、0.1 mol/L氯化钠、0.2 mol/L 柠檬酸钠、0.01 mol/L 氯化铁(0.1 mol/L 乙酸配制)、0.05 mol/L OP(邻菲啰啉，无水乙醇配制)、0.5 mmol/L PMS(吩奏硫酸二甲酯)、5 mmol/L DCIP、1 mmol/L MV(甲基紫精)、1 mmol/L 亚铁氰化钾、80%丙酮、20%TCA。

2. 同位素实验室

①实验器材　八角金盘、大叶黄杨等植物叶片、标本水缸、透明试管架、500W 灯泡、离心机、定标器、测样皿、试管架、试管、吸水纸、树胶手套、旋涡混合器、吸液器。

②实验试剂　同位素 $Na_2H^{32}PO_4$ 源应以 2N HCl 在100℃水解 3~4 h，使焦磷酸等转变为正磷酸，然后以 NaOH 调节 pH 7.8，稀释到比强为 $5×10^7$ cpm/mL 的溶液备用；丙酮、硫酸钼酸铵(5 g 钼酸铵用于 400 mL 10N H_2SO_4，定容至 1 000 mL)、苯：异丁醇(1 : 1)饱和水溶液。

实验步骤

1. 配制 STN 研磨液

取 100 mL 0.2 mol/L pH 7.4 Tricine、400 mL 1 mol/L Sucrose、100 mL 0.1 mol/L氯化钠，用蒸馏水定容至 1 L。

2. 希尔反应活力测定

①将 STN、研具、烧杯、离心管、过滤器放入冰箱冰冻。

②取待测样品，如八角金盘、大叶黄杨叶片等，洗净后放入冰箱中下部(4~8℃)。

③配制反应液最终浓度，其最终浓度中各成分含量为：50 mmol/L pH 8.0 Tricine、2 mmol/L 氯化镁、1 mmol/L FeCN、2 mmol/L 磷酸氢二钠、1 mmol/L ADP。配好反应液后分装入试管，每支 2 mL。

如测定全链的电子传递活力，可把 FeCN 换成 MV(0.1 mmol/L)，此外还可用 DCIP(0.5 mmol/L)测定希尔反应活力。

④水浴调温　把玻璃缸的水温调至合适范围(菠菜、小麦、蚕豆20℃，水稻25℃)，其内放入试管。

⑤叶绿体(类囊体)的提取　取出研磨器具及叶片等，剪碎后加 STN(约 10 mL/g，水稻应加少量石英砂)迅速研磨，再用四层纱布过滤，滤液以 4 000 r/min 离心 1~2 min，去上清液，沉淀加 1~2 mL STN 悬浮，以 1 000 r/min 离心 1 min 后取上清液于另一支试管，根据叶绿素含量，用 STN 稀释到约含叶绿素 200 μg/mL，冰浴待用。

⑥照光反应　调准缸内水温，每管加叶绿体提取物 0.2 mL，开灯照光 1 min，闭灯后立

即加 20% TCA 0.2 mL。另以照光前加 0.2 mL TCA 的作为空白对照。

⑦Fe^{2+}的测定 将上述试管以 4 000 r/min 离心 2 min,取上清液 0.7 mL(二次重复),放入试管(用遮光试管架)中,加 0.2 mol/L 柠檬酸钠溶液 2 mL、蒸馏水 1 mL、0.01 mol/L 氯化铁 0.1 mL、0.05 mol/L OP 0.2 mL,摇匀,置于 25℃下显色 15 min,再在 510 nm 下比色。

⑧叶绿素含量测定 取叶绿体提取物 0.2 mL 加 4.8 mL 80% 丙酮,摇匀,以 4 000 r/min 离心 1~2 min,在 652 nm 下测 OD 值。

⑨亚铁氰化钾标准曲线的制作按表 4-6 执行,并按步骤⑦的方法显色、比色。

表 4-6 亚铁氰化钾标准曲线的制作

实验试剂	浓度	剂量 1(mL)	剂量 2(mL)	剂量 3(mL)	剂量 4(mL)	剂量 5(mL)	剂量 6(mL)
亚铁氰化钾	1 mmol/L	0	0.05	0.10	0.20	0.30	0.40
蒸馏水		1.70	1.65	1.60	1.50	1.40	1.30
柠檬酸钠	0.2 mol/L	2.0	2.0	2.0	2.0	2.0	2.0
氯化铁	0.01 mol/L	0.1	0.1	0.1	0.1	0.1	0.1
OP	0.05 mol/L	0.2	0.2	0.2	0.2	0.2	0.2

3. 光合磷酸化测定——^{32}P 酯化法

①同希尔反应活力测定步骤①与步骤②。

②把配好的反应液带到同位素实验室加入 ^{32}Pi(0.5~1 μCi/mL),加入的 ^{32}Pi 的溶液量在配制反应液的水中扣除,分装入试管。

③同希尔反应活力测定步骤④~⑥。

④^{32}P-ATP 的提取和放射性强度测量。把上述小试管以 4 000 r/min 离心 2 min。每支小试管取 2 支大试管(50 mL)与之相对应,在大试管中分别加入丙酮、硫酸钼酸各 1 mL,加试管上清液 1 mL,苯-异丁醇饱和水溶液 3 mL,强烈振荡 30 s,分层后吸去上层液体,再加苯-异丁醇饱和水溶液 3 mL,振荡 30 s,分层后去上清液,再加约 1 mL 苯-异丁醇饱和水溶液,摇匀,分层后取下层液 0.5 mL 于测样皿中,在定标器上进行测量,记下 cpm 值。

⑤同希尔反应活力测定步骤⑧。

⑥源反应液放射性强度测量。取 ^{32}P 反应液 0.2 mL 加水 4.8 mL,摇匀后取 0.5 mL 于测样皿中,在定标器上测 1 min,记下 cpm 值,再按式(4-8)计算:

$$\text{cpm}(\mu\text{mol}) = \frac{(\text{总 cpm} - \text{本底 cpm}) \times 10}{0.4} \tag{4-8}$$

环式 PSP 的测定,应用 0.5 mmol/L 的 PMS 代替 FeCN。

4. 结果计算

$$\text{希尔反应活力}[\mu\text{mol}/(\text{mg}\cdot\text{h})] = \frac{1.2 \times 1\,000 \times 60 \times OD(\text{光}-\text{暗})}{0.7 \times \text{加入的 Chl} \times OD(\text{FeCN})}$$

$$\text{PSP 活力}[\mu\text{mol}/(\text{mg}\cdot\text{h})] = \frac{1.2 \times 2.0 \times 1\,000 \times 60 \times (\text{光}-\text{暗})\text{cpm}}{1.0 \times 0.5 \times \text{加入 Chl} \times (\text{Pi})\text{cpm}}$$

$$\frac{P}{O} = \frac{2 \times \text{ATP}}{\text{FeCN 还原}} \tag{4-9}$$

注:^{32}P 如无载体,则其所含 Pi 浓度可忽略不计。

📢 注意事项

1. 叶绿体提取应在 0~4 ℃下进行,全过程在 10 min 内完成。
2. 作标准曲线时应以烘干的亚铁氰化钾计算,并注意随配随用。
3. 求 P/O 要使希尔反应和非环式光合磷酸化同时进行。
4. 同位素实验室中的操作必须严格遵守放射性同位素操作规则。
5. 在没有同位素实验室的情况下,可能用发光光度法测 ATP(测定方法见发光光度法测定 ATP)。由于 Pi 对发光的干扰,反应液中不能含 Pi,所以也应用步骤③到步骤⑦的方法去除 Pi,并且将测定液用 KOH 调成近中性(pH 7.5)。

🚩 思考题

为什么叶绿体的提取要在 0~4℃下进行?

第五章　树木的呼吸代谢

第一节　呼吸速率的测定

 实验目的

了解并掌握植物呼吸速率的测定原理和方法。

（一）微量定容测压法

 **实验原理**

微量呼吸检压计不仅可以用来研究有机体或部分组织的呼吸作用和发酵作用,而且也可以研究有关 O_2 与 CO_2 及其他气体交换的反应,如光合作用、酶的活性等。微量定容测压法的原理是在固定体积并保持恒温的密闭系统中,气体产生或消失的总量,可以利用气体定律计算求得。

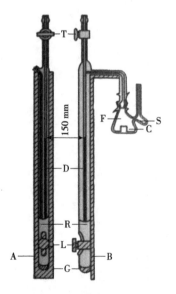

图 5-1　瓦布格呼吸计示意
A. 压力计（左）；B. 反应瓶（右）；
C. 中央小槽；D. 压力计；F. 反应瓶；
G. 玻璃棒塞；L. 螺旋夹；R. 贮液囊；
S. 测管；T. 三通活塞

实验器材与实验试剂

1. 实验器材

小麦、水稻萌发种子,瓦布格呼吸计(微量呼吸检压计,图 5-1)、移液管、量筒、反应瓶、小镊子和称量瓶。

2. 实验试剂

20%氢氧化钾、凡士林、橡皮筋、吸水纸、Brodie 氏溶液。

Brodie 氏溶液：氯化钠 23 g,牛胆酸钠 5 g,溶于 500 mL 水中,另加少许染料(酸性品红)使溶液染色,并加数滴浓麝香草酚乙醇溶液作为防腐剂。

实验步骤

1. 种子吸氧量的测定(作测压计用)

①取种子若干(体积约 0.5 mL),称其鲜重,然后用排水法测定其体积。排水法测体积时,先用滤纸将种子外面水分吸干,另取 10 mL 量筒一个,内盛 4~5 mL 的水,

将种子放入量筒内观察水分上升体积,两次水分体积之差即为种子体积。将种子取出,用滤纸吸干附在种子外表的水分,然后将种子放入反应瓶的底部,再加 0.5 mL 水。

②在中央小槽内加入 0.2 mL 20%氢氧化钾。为了增大吸收 CO_2 的能力,可用 1 cm×2 cm 滤纸折叠后插入中央小槽内,并在中央小槽口上涂上少量凡士林,防止碱液逸出。

③侧管的玻璃棒涂以凡士林后塞紧。瓦布格呼吸计口也涂上凡士林和反应瓶连接,转动反应瓶,至封口凡士林呈透明状为止,然后用橡皮筋将反应瓶固定在瓦布格呼吸计上。

④将瓦布格呼吸计固定在水槽上,并打开活塞,平衡 10~15 min,在此过程中要检查反应瓶是否漏气。

2. 空白实验(作温压计用)

因瓦布格呼吸计左管口与大气相通,实验时室内气压或水槽温度微小变化都对读数有影响,为此,必须进行校正。校正方法为反应瓶中除不加种子外,其他处理与吸氧量测定完全相同。

3. 测定与读数

当反应瓶内温度与水槽温度平衡后,停止振荡,确认不漏气时,将压力计的"三通活塞"置于"开"的状态下,缓缓将压力计的右管液面高度调到 150 mm 处,记录左管的实际高度。将压力计上的活塞关闭并重新开始振荡,记录开始时间。每隔 15 min 记录压力计左侧毛细管内 Brodie 液面高度(h)。读数时暂停振荡,并将压力计的右管液面调回至 150 mm 处,记录左管液面高度,连续读取 4 次(共 1 h)。将结果按表 5-1 记录。

表 5-1 温压计与测压计读数记录表

时间	温压计(mm)			测压计(mm)			实际压力差值
	开始时读数	15 min 后读数	压力差值 h_0	开始时读数	15 min 后读数	压力差值 h_1	h_1-h_0(mm)

4. 结果计算

①反应瓶常数 K(μL/mm)计算

$$K=\frac{V_g\times\dfrac{273}{T}+V_f\times\alpha}{P_0} \tag{5-1}$$

$$V_g(\mu L)=V_总-V_f-V_{种子} \tag{5-2}$$

式中:$V_总$——反应瓶(至连接的压力计右侧臂 150 mm 处)的总体积(可根据反应瓶出厂编号查知)(μL);

V_f——反应瓶中液体体积(本实验中包括加入的 KOH 和水的体积)(μL);

$V_{种子}$——实验所用种子体积(μL);

T——实验体系的绝对温度(℃);

α——压力为 1 atm、温度为 T 时气体(本实验为 O_2)的溶解度(可查表获知)(μmol/L);

V_g——反应瓶中气体体积(包括压力计的连接侧管至 150 mm 处)(μL);
P_0——以 Brodie 液表示的标准压力(约为 10 000 mm)(Pa)。

②呼吸速率计算

$$(样品耗氧的)呼吸速率(\mu L/g \cdot h) = h \times K/W \times t \qquad (5-3)$$

式中：h——实际压力差值;
K——反应瓶常数;
W——鲜样品质量(g);
t——反应时间(h)。

(二) 小篮子法(广口瓶法)

实验原理

植物进行呼吸时释放 CO_2，计算一定的植物样品在单位时间内释放出 CO_2 的量，即为该样品的呼吸速率。呼吸释放出的 CO_2 可用氢氧化钡溶液吸收，实验结束后用已知浓度的草酸溶液滴定剩余的碱液，从空白和样品二者消耗草酸溶液之差，可计算出呼吸过程中释放的 CO_2 的量。

实验器材与实验试剂

1. 实验器材

发芽的小麦种子或其他萌发的种子、电子天平、秒表、酸式及碱式滴定管、温度计、广口瓶、橡皮塞、铁丝纱小篮、量筒。

2. 实验试剂

①0.05 mol/L 氢氧化钡　称取 8.6g 氢氧化钡溶于蒸馏水中并定容至 1 000 mL。
②1/44 mol/L 草酸溶液　准确称取重结晶的 2.865 1 g 草酸二水合物溶于蒸馏水中，定容至 1 000 mL，每毫升对应 1 mg CO_2。
③酚酞指示剂　1 g 酚酞溶于 100 mL 95%乙醇中，贮于滴瓶中。

实验步骤

①取 500 mL 广口瓶一个，瓶口用打有三孔的橡皮塞塞紧，一孔插一盛碱石灰的干燥管，使呼吸过程中能进入无 CO_2 的空气，一孔插温度计，另一孔直径约 1 cm，供滴定用，平时用一小橡皮塞塞紧，瓶塞下面挂一铁丝纱小篮，以便装植物样品，整个装置即谓"广口瓶呼吸测定装置"。

②在瓶口准确加入 20 mL 0.05 mol/L 的氢氧化钡溶液，立即塞紧橡皮塞(不带小篮)，充分摇动广口瓶 2 min，待瓶内 CO_2 全部被吸收后，拔出小橡皮管塞，加入酚酞指示剂 2 滴，把滴定管插入孔中，用标准草酸溶液进行空白滴定，直到红色刚刚消失为止。

③倒出废液，用无 CO_2 的蒸馏水(煮沸过的)洗净后，重新加入 20 mL 上述氢氧化钡溶液，同时称取小麦种子或其他萌发的种子 5~10 g，装入铁丝纱小篮中，挂于橡皮塞下，塞紧瓶塞，开始记录时间，经过 20~30 min，其间轻轻摇动数次，破坏溶液表面的 $BaCO_3$

薄膜，有利于充分吸收 CO_2，然后用草酸滴定，方法如前（注意：防止口中呼出的气体进入瓶内）。

④结果计算

$$\text{呼吸速率}[\text{mgCO}_2/(g\cdot h)] = (A-B)\times 1/(W\times t) \tag{5-4}$$

式中：A——空白滴定用去的草酸量(mL)；

B——样品滴定用去的草酸量(mL)；

W——样品鲜重(g)；

t——测定时间(h)；

1——每毫升 1/44 mol/L 的草酸相当于 1 mg CO_2。

📢 注意事项

量筒和容量瓶不能放入烘箱烘干。

思考题

1. 比较两种方法呼吸速率的差异并分析其原因。
2. 哪些因子能影响呼吸速率？
3. 你认为该实验存在哪些不足？

第二节　过氧化氢酶活性测定

实验目的

学习过氧化氢酶活性测定的方法。

实验原理

过氧化氢在 240 nm 波长下有强烈吸收峰。过氧化氢酶能分解过氧化氢，使反应溶液吸光度（A_{240}）随反应时间而降低。通过测量吸光度的变化速度即可测出过氧化氢酶的活性。

实验器材与实验试剂

1. 实验器材

新鲜植物叶片、紫外分光光度计、离心机、电子天平、研钵、恒温水浴、容量瓶、微量加样器、石英砂、量筒、秒表等。

2. 实验试剂

①0.2 mol/L pH 7.8 的磷酸缓冲液　内含1%聚乙烯吡咯烷酮。

②0.1 mol/L 过氧化氢　市售30%过氧化氢浓度约为 17.6 mol/L。取 5.68 mL 30%过氧化氢溶液，用蒸馏水稀释至 1 L。

实验步骤

1. 粗酶液的制备

称取 0.5~1.0 g 洗净的植物叶片(去掉主脉),剪碎后置于已冷冻过的研钵中,加入少量的石英砂。用量筒量取 10 mL pH 7.8 磷酸缓冲液,先用少量缓冲液将叶片研磨至匀浆状态后倒入离心管,然后用剩余的缓冲液分数次将残渣冲洗入离心管,于 4 000 r/min 下离心 15 min,取上清液置 4℃冰箱备用或立即进行测定。

2. 植物样品中过氧化氢酶活性的测定

取试管 3 支,其中 1 支为空白对照管(S_0),2 支为样品测定管(S_1、S_2),按表 5-2 顺序加入各实验试剂。

表 5-2 紫外吸收法测定过氧化氢样品液配置表

实验试剂名称	管 号		
	S_0	S_1	S_2
粗酶液	0.2	0.2	0.2
pH 7.8 磷酸缓冲液	2	2	2
蒸馏水	1.5	1.5	1.5

将 S_0 管置于沸水浴中 1 min 杀死酶液后冷却,然后将所有试管在 25℃下预热后,逐管加入 0.3 mL 0.1 mol/L 的过氧化氢,每加完 1 管立即计时,并迅速倒入石英比色皿中,在 240 nm 下测定吸光度值(可用蒸馏水调零),每间隔 30 s 读数 1 次,共测 3 min,待 3 支管全部测定完后,按式(5-5)计算酶活性。

以每分钟内 OD_{240} 减少 0.1 的酶量为 1 个酶活单位(1U)。

$$过氧化氢酶活性[U/(min \cdot g)] = \frac{\Delta OD_{240} \times V_T}{0.1 \times W \times V_S \times t} \quad (5-5)$$

$$\Delta OD_{240} = OD_{S_0} - \frac{OD_{S_1} + OD_{S_2}}{2}$$

式中:OD_{S_0}——加入经过失活处理的酶液的对照管吸光值;

OD_{S_1},OD_{S_2}——样品管 1 与 2 的吸光度;

W——植物材料鲜重(g);

t——加过氧化氢到最后一次读数的时间(min);

V_T——提取酶液总体积(mL);

V_S——测定时取用酶液体积(mL);

0.1——OD_{240} 下降 0.1 时的 1 个酶活力单位。

注意事项

1. 凡在 240 nm 下有强烈吸收峰的物质均对本实验有干扰。
2. 0.1 mol/L 过氧化氢宜现配现用。
3. 所有步骤务必要在低温环境下快速操作。

思考题

1. 影响过氧化氢酶活性测定的因素有哪些?
2. 过氧化氢酶与植物体的哪些生理生化过程有关?

第三节　苯丙氨酸解氨酶活性的测定

实验目的

了解并掌握苯丙氨酸解氨酶活性测定的原理和方法。

实验原理

苯丙氨酸解氨酶(phenylalanineammonialyase，PAL)可催化苯丙氨酸的脱氨反应，使NH_3释放出来形成反式肉桂酸。此酶在植物体内次生物质(如木质素等)代谢中起重要作用。根据其产物，可通过反式肉桂酸在波长 290 nm 处吸光度的变化来测定该酶的活性。

实验器材与实验试剂

1. 实验器材

马铃薯块茎、紫外分光光度计、离心机、研钵、吸滤瓶、红光装置、纱布、培养皿、滤纸、打孔器。

2. 实验试剂

0.05 mol/L pH 8 硼酸盐缓冲溶液、5 mmol/L 巯基乙醇硼酸缓冲液、聚乙烯吡咯烷酮(PVP)或 PolyclarAT、0.02 mol/L 苯丙氨酸。

0.02 mol/L 苯丙氨酸：用 0.1 mol/L pH 8.8 硼酸缓冲液配制。

实验步骤

1. 马铃薯圆片制备

将马铃薯块茎洗净、削皮，用打孔器(直径 1.5 cm)取圆柱，切除两头近表皮处，中间部分切成 2 mm 厚的圆片。先用自来水漂洗，最后用蒸馏水漂洗一次，用纱布吸干圆片表面的水。

2. 光诱导

将圆片平铺在湿润滤纸的培养皿中，置 20~30℃ 红光下处理 24 h 以诱导 PAL(也可接种病原菌诱导等)。

3. 酶粗提液的制备

经诱导处理的马铃薯圆片 5 g，加 10 mL 5 mmol/L 巯基乙醇硼酸缓冲液、0.5 g 聚乙烯吡咯烷酮(PVP)或 PolyclarAT(除去酚类物质毒害，防止颜色的干扰)、少量石英砂在研钵中研磨。匀浆抽气过滤，滤液 10 000 r/min 离心 15 min，上清液即为酶粗提液。上述操作均在 0~4 ℃下进行。

4. 活性测定与计算

1 mL 酶液加 1 mL 0.02 mol/L 苯丙氨酸，2 mL 蒸馏水，总体积为 4 mL；对照组不加底物，多加 1 mL 蒸馏水。反应液置恒温水浴 30 ℃中保温，0.5 h 后用紫外分光光度计在 290 nm 处测定吸光度，以每小时在 290 nm 处吸光度变化 0.01 所需酶量为一单位（相当每毫升反应混合物形成 1 μg 肉桂酸）。

📢 **注意事项**

1. PAL 属于诱导酶，在植物受光（如红光）、受伤、病害感染等时诱导活性增高。
2. 除直接用新鲜材料提取的酶液测定外，也可将酶液用冷丙酮制成丙酮粉来较长时间保存，然后用缓冲液溶解测定。

🚩 **思考题**

为什么酶粗提液的制备是在 0~4 ℃下进行？

第四节　过氧化物酶活性的测定

🔍 **实验目的**

掌握测定过氧化物酶活性的常用方法及其原理。

⏱ **实验原理**

过氧化物酶（POD）广泛分布于植物的各个组织器官中，它与呼吸作用、光合作用及生长素的氧化等都有密切关系。在过氧化氢存在下，过氧化物酶能使愈创木酚（邻甲氧基苯酚）氧化，生成茶褐色的 4-邻甲氧基苯酚，该产物在 470 nm 处有最大吸收峰，故可用分光光度计测量生成物的含量来测定过氧化物酶活性。

📈 **实验器材与实验试剂**

1. 实验器材

新鲜植物叶片、分光光度计、离心机、电子天平、研钵、量筒、容量瓶、微量加样器和秒表等。

2. 实验试剂

0.02 mol/L pH 7.8 磷酸缓冲液、0.1 mol/L pH 6.0 磷酸缓冲液、石英砂、反应混合液。

反应混合液：取 0.1 mol/L pH 6.0 磷酸缓冲液 50 mL 于烧杯中，加入 0.028 mL 愈创木酚，于磁力搅拌器上加热搅拌，直至愈创木酚溶解。待溶液冷却后，加入 0.019 mL 30% 过氧化氢，混合均匀，保存于冰箱。

实验步骤

1. 粗酶液的制备

称取 0.5~1.0 g 洗净的植物叶片（去掉主脉），剪碎后置于已冷冻过的研钵中，加入少量的石英砂。用量筒量取 10 mL pH 7.8 磷酸缓冲液，先用少量缓冲液将叶片研磨至匀浆状态后倒入离心管，然后用剩余的缓冲液分数次将残渣冲洗入离心管，于 4 000 r/min 下离心 15 min，取上清液置 4℃冰箱备用或立即进行测定。

2. 植物样品中过氧化物酶活性的测定

取比色杯两支，一支加入 3 mL 反应混合液和 1 mL pH 7.8 磷酸缓冲液，作为调零空白；另一支加入 3 mL 反应混合液和 1 mL 上述粗酶液（如酶活性过高可稀释），立即开启秒表计时，于分光光度计 470 nm 处比色测定吸光度，每隔 1 min 读数一次。按式(5-6)计算酶活性。

以每分钟内 OD_{470} 变化 0.01 为 1 个过氧化物酶活性单位(1U)，计算植物材料过氧化物酶的活性。

$$过氧化物酶活性[U/(min \cdot g)] = \frac{\Delta OD_{470} \times V_T}{0.01 \times W \times V_S \times t} \tag{5-6}$$

式中：ΔOD_{470}——反应时间内吸光度的变化量；

W——植物材料鲜重；

t——反应时间；

V_T——提取酶液总体积；

V_S——测定时取用酶液体积；

0.01——每分钟内 OD_{470} 变化 0.01 时的酶活力单位。

注意事项

1. 酶的提取需在低温下进行。
2. 根据酶活性大小可测定 0~3 min 或者 0~5 min 的吸光度值。

思考题

1. 测定酶的活性要注意控制哪些条件？
2. 简述测定过氧化物酶活性的生理意义？

第五节　多酚氧化酶活性的测定

实验目的

了解并掌握多酚氧化酶活性测定的原理和方法。

实验原理

多酚氧化酶(PPO)是植物呼吸作用末端氧化酶的一种,作用是催化多酚类物质的氧化。正常情况下,PPO 与酚类底物被细胞区域化分隔而不发生反应。当植物组织受到损伤或衰老、细胞结构解体时,PPO 与酚类底物接触,酚类物质会被催化氧化生成醌类物质,醌类物质再聚合成褐色产物,导致组织褐变。醌类物质对微生物有毒,可防止植物组织感染,因此,PPO 催化的酶促褐变是植物组织的一种保护反应。

植物组织的酶促褐变除与 PPO 有关外,还与过氧化物酶(POD)有关。含高活力 PPO 的植物组织的酶促褐变必然与 PPO 密切相关,利用 PPO 的抑制剂或降低环境的氧浓度便能有效地控制 PPO 催化的酶促褐变。

实验器材与实验试剂

1. 实验器材

马铃薯块茎、分光光度计、离心机、电子天平、纱布、真空泵。

2. 实验试剂

0.1 mol/L pH 6.8 柠檬酸-磷酸缓冲液、10 mmol/L 邻苯二酚、聚乙烯吡咯烷酮(PVP)、10 mmol/L 抗坏血酸、10 mmol/L 亚硫酸钠。

实验步骤

1. 植物组织多酚氧化酶的提取与活力测定

取 4 g 植物组织,加入 5 倍量的 0.1 mol/L pH 6.8 柠檬酸-磷酸缓冲液及 0.8 g PVP,冰浴研磨,4 层纱布过滤,10 000 r/min 离心 15 min,上清液用于酶活性测定和下述 PPO 抑制试验。用于酶活性测定的 3 mL 反应混合液中应含有:2.4 mL 柠檬酸-磷酸缓冲液、0.5 mL 10 mmol 邻苯二酚、0.1 mL 酶提取液。测定 OD_{398} 值的变化,以每分钟 ΔOD_{398} 变化 0.01 表示一个酶活性单位(IU)。

2. 抗坏血酸、焦亚硫酸钠对 PPO 催化的酶促褐变的抑制

在 3 mL 酶活性测定反应液中分别加入 1 mL 的抗坏血酸或焦亚硫酸钠,测定 OD_{398} 值的变化,即可获得 PPO 活力的变化规律。

3. 植物组织酶促褐变的控制试验

马铃薯去皮后,切成 3 mm 厚的圆片,分别取 3~5 片投入到抗坏血酸或焦亚硫酸钠溶液中,浸泡 2 min,取出用滤纸快速吸干表面水分,以不作任何处理的为对照,观察 1 d 后马铃薯组织酶促褐变的情况。

注意事项

1. 反应混合液必须现配现用,否则会因邻苯二酚自动氧化而失效。
2. 在试验中加入聚乙烯吡咯烷酮(PVP),它能与酚类化合物发生强烈的缔合作用,从而消去酶反应体系中的底物,使 PPO 活性的测定更接近其真实值。
3. 使用分光光度计时,操作要快速、熟练。

4. 反应混合液加样时，先加柠檬酸-磷酸缓冲液，再加底物邻苯二酚，摇匀，在测量之前最后加入酶提取液。

思考题

1. 本试验中使用的柠檬酸-磷酸缓冲液有何作用？
2. 试分析不同温度、pH 对马铃薯多酚氧化酶的影响。
3. 谈谈你对多酚氧化酶活性性质的认识。

第六节　果胶酶活性的测定

实验目的

了解并掌握果胶酶活性测定的原理和方法。

实验原理

果胶酶是催化果胶物质水解的酶类。果胶物质是由原果胶、果胶酯酸和果胶酸 3 种主要成分组成的混合物，果胶酶按其催化分解化学键的不同，可分为果胶酯酶（PE）和多聚半乳糖醛酸酶（PG）两种。

PE 催化果胶酯酸（即多聚半乳糖醛甲酯）的酯键水解，产生果胶酸和甲醇。可用氢氧化钠（NaOH）滴定酶解反应所产生的果胶酸来测定果胶酯酶的活力。

PG 催化水解果胶酸（即多聚半乳糖醛酸）的 1,4-糖苷键，生成半乳糖醛酸。半乳糖醛酸的醛基具有还原性，可用亚碘酸法定量测定，以产生半乳糖醛酸的多少来表示酶的活力。

实验器材与实验试剂

1. 实验器材

未成熟的香蕉果实、电子天平、烧杯、烘箱、干燥器、滴定管、研钵、移液管、三角瓶、恒温水浴箱、容量瓶、离心机和玻璃漏斗。

2. 实验试剂

0.05 mol/L 氢氧化钠、1 mol/L 硫酸、果胶粉、重铬酸钾、碘、碘化钾、1%氯化钠溶液、0.5%中性红乙醇（75%）溶液、1 mol/L 盐酸、硫代硫酸钠、碳酸钠、蒸馏水、0.5%淀粉溶液。

实验步骤

1. 溶液配制

①1%果胶溶液　称取果胶粉 1 g 用 0.5%氯化钠溶液溶解，于磁力搅拌器中恒速搅拌 0.5 h，冷却后；用 0.5%氯化钠定容至 100 mL。存放在 0~4℃冰箱里，有效期 3 d。

②0.05 mol/L 硫代硫酸钠溶液　称取 12.41 g $Na_2S_2O_3$，用蒸馏水溶解后，用容量瓶定容到 1 L，1 周后用重铬酸钾溶液标定。

③1 mol/L 碳酸钠溶液　称取 53 g 无水碳酸钠，于烧杯内用蒸馏水溶解，用容量瓶定容到 500 mL。

④0.1 mol/L 碘-碘化钾溶液　称 2.5 g 碘化钾，溶于 5 mL 蒸馏水中，另取 1.27 g 碘，溶于碘化钾溶液中，待碘全部溶解后，于容量瓶中定容到 100 mL，贮存于棕色试剂瓶中。

⑤重铬酸钾溶液　将分析纯的重铬酸钾置于 105℃ 烘箱内烘干 2 h，后移入干燥器内冷却到室温，准确称取重铬酸钾 2.452 g，用蒸馏水溶解，用容量瓶定容到 100 mL，此液的浓度约为 0.008 3 mol/L。

⑥硫代硫酸钠浓度的标定　取 3 个 100 mL 的三角瓶，各加入 10 mL 蒸馏水、0.1 g 碘化钾、10 mL 重铬酸钾溶液和 1 mol/L 盐酸于三角瓶内，当 KI 溶解后，立即用硫代硫酸钠滴定，当滴至溶液微黄时，加入 1~2 滴 0.5%淀粉溶液，继续滴定到蓝色突然消失，记录硫代硫酸钠的用量，求出平均值，计算硫代硫酸钠的浓度。

2. 酶液的制备

取未成熟的香蕉果实 25 g，切碎，加入 25 mL 1%氯化钠溶液，混为匀浆，匀浆液全部转入离心管中，于 4 000 r/min 离心 10 min，上清液移入 100 mL 容量瓶中，再用 20 mL 0.5%氯化钠溶液提取沉淀两次，提取液并入容量瓶中，用 0.5%氯化钠溶液定容到 100 mL，即可获得粗酶液。

3. PE 活力的测定

取 20 mL 含 0.5%氯化钠的 1%果胶溶液 2 份，放入 100 mL 三角瓶中，加入 2 滴 0.5%中性红乙醇(75%)溶液，用 0.05 mol/L 氢氧化钠滴定到红色刚刚消失。将三角瓶放入 30℃ 恒温水浴中预热 3 min，加入 1 mL 用硫酸调节 pH 为 7.0 的酶液，摇动，立即计时，观察颜色的变化。待红色出现后，滴加 0.05 mol/L 氢氧化钠到红色消失。重复此步操作，实验进行 30 min，记录 30 min 内滴加的氢氧化钠量。加入的 NaOH 的物质的量，就是酶解后释放的游离羧基的物质的量。

4. PG 活力的测定

取 10 mL 1%果胶溶液 4 份，分别放入 250 mL 三角瓶中，加 5 mL 水，调 pH 值到 3.5。其中两瓶加入 10 mL 用硫酸调节 pH 为 3.5 的酶液，另两瓶加入 10 mL 预先在沸水浴中钝化过的酶液(pH 3.5)，作为对照处理，于 50℃ 水浴中保温 2 h，反应结束后，取出三角瓶，将两瓶未加热钝化的酶液的样品放入 100℃ 沸水浴中加热 5 min，然后用冷水冷却到室温。

向每瓶加入 5 mL 1 mol/L 碳酸钠、20 mL 1 mol/L 碘-碘化钾溶液，加塞，室温下静置 20 min。待反应结束后，向每瓶内加入 10 mL 1 mol/L 硫酸。用 0.05 mol/L 硫代硫酸钠滴定到淡黄色，加 3 滴 0.5%淀粉溶液，再用硫代硫酸钠继续滴定到蓝色消失。

5. 酶活力的计算

(1)计算酶的粗提液中 PE 的活力

以每毫升酶液每分钟内释放 1 mmol 甲醇为 1 个酶活力单位(IU)。

$$PE 活力单位(mmol/min) = \frac{0.05 \times V_1}{V_2 \times t} \tag{5-7}$$

式中，0.05——氢氧化钠的浓度(mol/L)；
  V_1——消耗的氢氧化钠体积(mL)；
  V_2——反应系统内加入酶液的体积(mL)；
  t——酶促反应时间(min)。

(2)计算酶的粗提液中 PG 的活力

以每毫升酶液每小时内催化产生 1 mmol 游离半乳糖醛酸为 1 个酶活力单位(IU)。

$$PG 活力单位(mmol/min) = \frac{0.51 \times (V_3 - V_4) \times c}{V_2 \times t} \quad (5-8)$$

式中：V_3——样品消耗硫代硫酸钠的体积(mL)；
  V_4——对照消耗硫代硫酸钠的体积(mL)；
  c——硫代硫酸钠的浓度(mol/L)；
  V_2——反应系统内加入酶液的体积(mL)；
  t——酶促反应时间(min)；
 0.51——1 mmol/L 硫代硫酸钠相当于 0.5~1 mmol/L 游离半乳糖醛酸。

📢 **注意事项**

在室温 25℃ 以上时，应将反应液及稀释用蒸馏水降温至约 20℃。

🚩 **思考题**

果胶酯酶活性测定的原理和方法是什么？

第六章　树木的次生代谢

第一节　生物碱含量测定

实验目的

了解并掌握生物碱含量测定的原理和方法。

实验原理

一般生物碱都可以与一些特殊试剂[称为生物碱试剂，常为重金属盐类、分子质量较大的复盐、特殊无机酸(如硅钨酸、磷钨酸)或有机酸(如苦味酸的溶液)]作用生成不溶于水的盐，从而产生沉淀。利用这个性质可检查植物中是否含有生物碱，还可以用于测定生物碱含量。

实验器材与实验试剂

1. 实验器材

自然风干的红茂草地上部分、紫外分光光度计、电子天平、超声波清洗机、容量瓶、漏斗、滤纸、高压灭菌锅、蒸馏管、试管。

2. 实验试剂

红茂草生物碱标准品、碱式硝酸铋、碘化钾、异紫堇碱、冰醋酸、盐酸、乙醇、超纯水。

实验步骤

1. 试剂配制

①精确称取碱式硝酸铋 0.85 g，加入 10 mL 冰醋酸和 40 mL 水，超声波清洗机溶解，放置过夜。

②精确称取碘化钾 8 g，加水溶解，定容至 20 mL。

③将上述两种溶液混匀，即得碘化铋钾试液。将碘化铋钾试液、0.6 mol/L 盐酸、水按体积比 1∶2∶7 混合，即得改良碘化铋钾试液。

④精确称取异紫堇碱 10 mg，加超纯水溶解，定容至 10 mL，即获得浓度为 0.1 mg/mL 的异紫堇碱标准品母液。

2. 生物碱的提取

①将自然风干的红茂草地上部分粉碎，过 80 目筛。

②取红茂草地上部分粉末 10.0 g，置于索氏提取器中，加入 150 mL 65%乙醇，回流 2 h 后抽滤，重复回流 2 次，合并滤液，蒸发仪设置为 40℃减压浓缩 2 h，定容至 50 mL，即得供试品溶液。

3. 测定波长的选择

精确量取异紫堇碱标准品溶液 0.1 mL 于 10 mL 具塞比色管中，加入 2 mL 改良碘化铋钾试液，摇匀；继续加入 0.1 mol/L 盐酸定容至刻度，摇匀后反应 10 min；以不加异紫堇碱标准品的空白溶液为对照，于紫外可见分光光度计 190~500 nm 波长扫描，确定最大吸收波长。

4. 标准曲线绘制

取 7 支试管编号，按表 6-1，分别加入试剂，摇匀后反应 10 min，测定最大吸收波长处的吸光度 A。以吸光度 A 为横坐标，浓度(mg/mL)为纵坐标，作标准曲线。

表 6-1 标准曲线绘制各实验试剂加入量

试剂(mL)	试管编号						
	0	1	2	3	4	5	6
标准品母液	0.0	0.1	0.2	0.3	0.4	0.5	0.6
改良碘化铋钾	2.0	2.0	2.0	2.0	2.0	2.0	2.0
0.1 mol/L 盐酸	8	9.9	9.8	9.7	9.6	9.5	9.4

5. 样品含量测定

精确量取供试品溶液 0.1 mL 于 10 mL 具塞比色管中，加入 2 mL 改良碘化铋钾试液，摇匀；继续加入 0.1 mol/L 盐酸定容至刻度，摇匀后反应 10 min；以不加供试品溶液的空白溶液为对照，测定吸光度，利用标准曲线，计算红茂草生物碱浓度。

📢 注意事项

1. 碘化铋钾溶液现用现配，配制好的溶液要避光保存。
2. 生物碱与碘化铋钾溶液快速反应生成沉淀产物，要在反应结束后尽快完成吸光度测定。

🚩 思考题

生物碱含量测定的原理是什么？

第二节 植物次生代谢物超临界流体萃取

⬇ 实验目的

学习和掌握超临界流体萃取装置提取植物次生代谢物的实验原理及仪器操作方法。

实验原理

超临界流体萃取是现代分离工程领域一种先进的分离技术。超临界流体是指热力学状态处在临界温度和临界压力以上,物理化学性质兼具气液两重性的流体。超临界流体既有与气体相当的强传递性能和低黏度,又兼有与液体相近的密度和强溶解能力。压力和温度的微小变化,即可改变超临界流体的密度,从而达到选择性地依次提取极性大小、沸点高低、分子质量大小不同的各种类型化合物的目的(图6-1)。

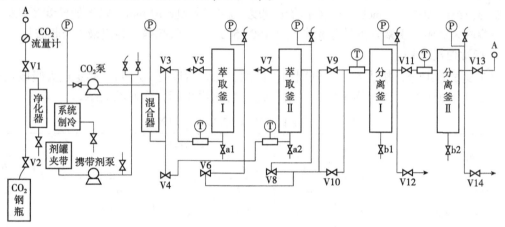

图6-1 超临界流体萃取工艺流程

实验器材与实验试剂

1. 实验器材

自然风干的各种植物组织或部位、CO_2 钢瓶、滤纸、超临界流体萃取装置(HA220-50-015)、粉碎机、200目筛、电子天平、烧杯、量筒、干燥器等。

2. 实验试剂

无水乙醇。

实验步骤

1. 样品制备

①选择自然风干的植物组织,粉碎机粉碎 30~120 s。
②过200目筛子,得到植物粉末,置于干燥器内备用。

2. 装料

①将植物粉末装入料筒,原料离过滤网约 2~3 cm,盖好滤纸片、垫环、过滤网、料筒堵头。
②将料筒装入萃取釜,加入密封圈,盖好垫环、上堵头。

3. 开机前准备

①检查 CO_2 钢瓶压力,确保压力大于 4 MPa,过低需更换新钢瓶。
②检查水箱位置,保证水位离箱盖约 2 cm,否则需另加入纯水。

③检查 CO_2 泵和夹带剂泵压缩机油窗油面线是否正常，过低需加入专用机油。

④打开 CO_2 气体通过阀门，保证 CO_2 可进入 CO_2 泵及净化器。

⑤如需加入夹带剂，将确定体积的携带剂（如无水乙醇）装入携带剂罐。

4. 开机操作顺序

①打开三相电源开关，打开制冷剂开关（设定温度为 7℃）。

②打开萃取釜、分离釜Ⅰ、分离釜Ⅱ加热开关，设定各自所需温度。

③打开 CO_2 泵电源，并将 CO_2 流量显示设定为"FL"。

④待制冷剂温度≤7℃后，打开萃取釜 CO_2 进口阀（V3 或 V4），压力平衡后，缓慢打开萃取釜放气阀（V5 或 V7）5 s，放掉萃取釜中的残留空气，之后关闭放气阀，缓慢打开萃取釜 CO_2 出口阀（V6 或 V8）。

⑤按动 CO_2 泵电源旁显示器上的绿色开关"RUN"，启动 CO_2 泵，萃取釜压力显示器缓慢升高，调节控压阀（V10），控制萃取釜压力。

⑥启动携带剂泵，调节携带剂流量。

5. 收集植物次生代谢物

在萃取过程中，多次收集分离物质，分别在分离釜下方的出口（b1 和 b2），利用烧杯接出。

6. 关机

①萃取完成后，按动 CO_2 泵电源旁显示器上的红色开关"STOP"，缓慢打开阀门（V9），将萃取釜中的气体放入分离釜中，待各釜压力平衡后，关闭萃取釜 CO_2 进口阀和出口阀，缓慢打开萃取釜放气阀，待萃取釜压力为 0 MPa 后，打开萃取釜上堵头，拿出垫圈，打开料筒，倒出萃取残渣，清洗萃取釜。

②关闭 CO_2 泵电源、携带剂泵电源、萃取釜、分离釜Ⅰ、分离釜Ⅱ加热开关，关闭制冷剂开关，关闭三相电源开关，关闭 CO_2 气体通过阀门，关闭钢瓶阀门。

📢 注意事项

1. 超临界流体萃取装置为高压设备，操作人员须经培训才可操作该设备，仪器运转期间，操作人员不可长时间离开。

2. 为防止堵塞，在超临界流体萃取装置运行期间，应打开净化器底部阀门放水 1~2 次。

3. 超临界流体萃取装置含水量不得超过 5%，植物材料含水量应尽量较低或者选择纯有机实验试剂作携带剂。

4. 萃取过程中需保持压力恒定。

5. 一种植物或者一批次材料做完后必须清洗装置管路，萃取釜中直接加入无水乙醇或者以无水乙醇为携带剂，其余操作步骤同上，接出废液即可。

6. 设备长时间不用时，应将管路中的气体放空，水箱中的水放尽。

思考题

1. 超临界流体萃取技术中流体选择较多，而在实际应用过程中 CO_2 作为流体应用较广，是何原因？

2. 试比较不同分离方法，超临界流体萃取技术的优点都有哪些？

3. 超临界流体萃取过程中可根据分离物质特性，选择性加入携带剂、加入携带剂的依据是什么？哪些物质分离需要加入携带剂？

第三节　高效液相色谱法分析松针中的花旗松素

实验目的

1. 了解和掌握高效液相色谱原理、仪器构造及操作方法。
2. 掌握高效液相色谱定性和定量方法、数据处理方法。

实验原理

高效液相色谱法是现代分离测试领域中一项高效、快速的分离分析技术，以液体实验试剂作为流动相，以极细颗粒填充的柱色谱为固定相。利用混合物中各组分物理化学性质的差异，溶于流动相中的各组分经过固定相时，由于与固定相发生作用（吸附、分配、排阻、亲和）的大小、强弱不同，在固定相中移动速度也会产生较大差别，导致保留时间不同，被分离成单个组分依次从固定相中流出。

实验器材与实验试剂

1. 实验器材

松针提取液、高效液相色谱仪（安捷伦1290）、安捷伦C18色谱柱（250 mm×4.6 mm，5 μm）、电子天平、容量瓶、超声波清洗机、滤膜、进样瓶、注射器。

2. 实验试剂

花旗松素（纯度≥97%）、乙腈、超纯水、甲酸、甲醇。

实验步骤

1. 花旗松素标准溶液配置

①精确称量0.5 g花旗松素标准品，用甲醇溶解后定容至5 mL，即获得浓度为0.1 g/mL的母液。

②精确吸取花旗松素标准溶液2、4、10、20、40、80 μL，分别加入甲醇定容至5 mL，获得浓度分别为0.04、0.08、0.2、0.4、0.8、1.6 mg/mL的溶液，4℃保存备用。

2. 准备流动相

精确量取乙腈1 000 mL，用0.22 μL滤膜过滤；精确量取超纯水999 mL，加入1 mL甲酸，用0.22 μL滤膜过滤；超声波清洗机处理30 min。

3. 样品测定前准备工作

①打开计算机，打开安捷伦1290高效液相色谱仪各模块电源。

②高效液相色谱仪各模块自检结束后，打开软件联机"仪器1"，待软件稳定打开后，设

定各视图界面。

③冲洗平衡色谱柱　右键点击"泵模块"，选择"开始清洗"；清洗结束后，右键点击"泵模块"，选择"方法"，设定流动相 B 为 0%，点击"确定"，待基线和压力稳定 5 min 左右；右键点击"泵模块"，选择"方法"，设定流动相 B 为 50%，点击"确定"，待基线和压力稳定 5 min 左右；右键点击"泵模块"，选择"方法"，设定流动相 B 为 6%，点击"确定"，待基线和压力稳定 5 min 左右。

④点击"方法"菜单，选择"编辑方法"，编辑流动相梯度洗脱参数、自动进样器参数、柱温参数、检测器参数等，点击"保存"。

⑤点击"序列"菜单，选择"序列参数"，选择保存路径，子目录(命名文件名)，点击"确定"。

4. 样品分析

①将松针提取液和稀释的花旗松素标准溶液分别用 0.22 μL 滤膜过滤到进样瓶，放置于样品盘中的相应位置。

②点击"序列"菜单，选择"序列表"，点击"插入"，按照样品盘上进样瓶编写各个参数，如样品位置、样品名称、方法、进样次数等，编辑后点击"确定"。

③待基线和压力线平稳，点击"序列"菜单，选择"序列表"，点击"运行序列"，开始进样分析。

5. 关机

①冲洗平衡色谱柱　在样品盘中放置一个纯乙腈的进样瓶，点击"方法"菜单，选择"编辑方法"，编辑冲洗平衡色谱柱的方法，如流动相梯度洗脱参数、自动进样器参数、柱温参数、检测器参数等；点击"序列"菜单，选择"序列表"，点击"插入"，编写进样参数，点击"运行序列"。

②完成冲洗后，关闭软件联机"仪器 1"，关闭安捷伦 1290 高效液相色谱仪各模块电源。

6. 数据分析

①打开软件脱机"仪器 1"，单机"数据分析"，进入数据分析界面。

②点击"文件"菜单，选择"调用信号"，选择前面设定的子目录文件名，选择样品名称，即可得到相应的色谱图。

③谱图优化时，点击"图形"菜单，选择"信号选项"，选择"自动量程"和显示时间，调整色谱图比例。

④根据色谱图信息，如保留时间、峰面积、峰高等，用浓度和峰面积回归，可得到花旗松素标准曲线，根据保留时间可定性分析花旗松素，根据峰面积和标准曲线可定量分析样品中花旗松素浓度。

📢 **注意事项**

1. 流动相在使用前必须 0.22 μL 滤膜过滤，长时间不用的水需更换，过滤后的流动相必须超声振荡脱气处理。

2. 更换流动相后，需要对各流动相容积重新设定，若低于最低设定容积，泵会自动关闭。

3. 检测器的氘灯有使用寿命，氘灯应该最晚开启，分析结束后，立即关闭。

4. 样品分析前及分析结束后,都需要冲洗平衡色谱柱,特别是分析结束后冲洗平衡色谱柱,应使用纯有机相充满色谱柱,以延长色谱柱使用寿命。

5. 流动相有 A、B 两项,A 为无机相,B 为有机相。

6. 色谱柱在使用前须认真阅读使用说明书,注意适用范围、压力范围、pH 范围、温度范围、流动相类型等;使用时须使用保护柱。

思考题

1. 根据样品色谱图,计算所测花旗松素的浓度。本实验中是怎么对花旗松素进行定性分析的?

2. 试讨论各色谱条件(流动相、柱温等)对花旗松素分离的影响。

第三部分

树木生长发育生理研究技术

第七章　树木激素

第一节　生长素的生物鉴定

实验目的

了解生长素的生物学意义，熟悉生长素含量的生物测定方法。

实验原理

小麦、燕麦等胚芽鞘的生长可被生长素特异性诱导。将小麦胚芽鞘的延长部分切成段，漂浮在含有生长素 IAA 的溶液中，这些切段可以延续伸长。在一定浓度范围内，胚芽鞘切段的伸长与生长素浓度的对数呈线性正相关，因而可通过测定切段伸长的多少来测定生长素的含量。

实验器材与实验试剂

1. 实验器材

小麦或燕麦种子(小麦品种用杨麦一号或中农 28)、滤纸、旋转器、电子天平、大小瓷缸、培养皿、具塞试管、移液管、青霉素小瓶、刀片、小镊子、尼龙网、刻度尺、半对数坐标纸等。

2. 实验试剂

饱和漂白粉溶液、0.1 mg/mL 吲哚乙酸(IAA)母液、磷酸缓冲液。

①0.1 mg/mL 吲哚乙酸(IAA)母液　称取 10 mg IAA 溶于少量无水乙醇中，再用水稀释至 100 mL。此溶液在冰箱 4℃中可保存一个月。

②磷酸缓冲液　称取 1.794 g 磷酸氢二钾，1.019 g 柠檬酸，20 g 蔗糖，溶于蒸馏水中，并定容至 1 L，pH 5.0。

实验步骤

①挑选大小均匀的小麦种子(需用陈年种子，因当年种子发芽不整齐)，用饱和漂白粉溶液灭菌 30 min 后，用自来水冲洗半天，放在盛有湿润滤纸的培养皿中，腹沟朝下，在 25℃黑暗条件下萌发 24 h。

②当第一胚根出现后，移于用尼龙网覆盖的小瓷缸上，胚根插入尼龙网眼中，小瓷缸放入盛水的大瓷缸中，或在小瓷缸上罩上烧杯以保持湿度。

③继续在 25℃黑暗条件下培养约 40 h，当胚芽鞘长达 3 cm 左右时，选取 2.8～3.0 cm

幼苗作为材料(其胚芽鞘对IAA最敏感)。

④切去芽鞘尖端3 mm,取下面5 mm切段做实验。

⑤将5 mm切段漂浮在重蒸水中浸泡2~3 h,除去切段中的内源激素。

⑥用磷酸缓冲液配置0、0.001、0.01、0.1、1.0、10 μg/mL IAA系列标准溶液(盛于具塞试管当中)。

⑦分别吸取2 mL IAA系列标准溶液于具塞西林瓶中。

⑧用滤纸吸干切段表面水分,选取10段芽鞘切段(最好放11~12段,以便挑选)放入含有不同浓度IAA溶液的西林瓶中并加塞,每一浓度重复3次。将西林瓶置于旋转器上,16 r/min,25℃暗培养20 h。

⑨时间到后,取出芽鞘切段,在滤纸上吸干,测量芽鞘切段长度。

⑩在半对数坐标纸上,以芽鞘切段增长百分数为纵坐标,IAA浓度为横坐标,作标准曲线。在0.001~10 μg/mL IAA内,切段的伸长率与生长素浓度的对数成正比。

$$芽鞘切段增长率(\%) = (处理长度 - 对照长度)/原来长度 \times 100\% \quad (7-1)$$

⑪测定植物提取液中生长素含量时,可用植物提取液同样处理小麦芽鞘切段,测定芽鞘切段伸长率,通过标准曲线求得植物提取液中生长素含量,再计算样品生长素含量。

注意事项

1. 为使长度测量精确,可借用目镜、物镜、测微尺,或通过投影放大测量。
2. 配制IAA的系列标准溶液和切段浸泡操作均需在暗室中绿光下进行。绿光可用市售灯泡,再包上绿色透明纸即可。
3. 严格控制磷酸缓冲液pH,因为当pH值为3.5时也可以表现出类似IAA的作用。

思考题

1. 采取小麦芽鞘切段伸长法测定生长素含量时,为什么要将芽鞘尖端3 mm切去而选取下面的5 mm做实验?
2. 小麦芽鞘切段法整个操作过程,为什么要在暗室中绿光下进行?
3. 小麦芽鞘切段为什么要在旋转器上旋转培养?如不用旋转器而采用静止培养将会出现怎样的情况?

第二节 赤霉素促进植物种子萌发

实验目的

学习掌握确定能促进树种种子萌发的赤霉素溶液浓度的方法。

实验原理

赤霉素(GA_3)是促进生长的物质,其生理作用是多方面的,如对某些种子能打破休眠,促进发芽等。一些种子萌发前用赤霉素浸种，可使淀粉酶的活性增强，促进种子内淀粉水解成糖，有利于胚的吸收与萌发，从而促进种子萌发和提高发芽率。

实验器材与实验试剂

1. 实验器材

锦鸡儿、黑松、落叶松等树木种子、烧杯、培养皿、镊子、滤纸、记号笔。

2. 实验试剂

①50、100、500 μg/g赤霉素溶液　分别称取5、10、50 mg纯赤霉素，均分别以极少量无水乙醇使其溶解，再分别于3个100 mL容量瓶中加蒸馏水定容至刻度，即何获得对应浓度的赤霉素溶液。

②5%甲醛(0.1%氯化汞)　5%甲醛配制时，取5 mL甲醛溶于95 mL蒸馏水中；0.1%氯化汞配制时，取0.1 g氯化汞溶于100 mL蒸馏水中。

实验步骤

①取一种树木种子400粒放烧杯中，用5%福尔马林或0.1%氯化汞消毒。溶液量以盖过种子为宜，浸泡10 min。用蒸馏水冲洗2~3遍。

②取已消过毒的种子，分为4组分别放于已用记号笔写明处理号的小烧杯中，用50、100、500 μg/赤霉素溶液浸种，另取一份用蒸馏水浸种作为对照。溶液量以能浸过种子1倍为宜，记下开始浸种的时间。

③24 h后，倒去浸种溶液，用蒸馏水冲洗2~3遍。用镊子把种子排列在培养皿中已湿润的滤纸上，在培养皿上写明组号及处理的编号，放25~28℃恒温箱中发芽。

④每天观察，保持培养皿内的湿润状态。

⑤记录每日发芽数，实验结果记录在表7-1中。

表7-1　实验结果记录表

处理	天数						
	1	2	3	4	5	6	7
50(μg/g)							
100(μg/g)							
500(μg/g)							
对照							

注：放入恒温箱24 h后开始观察，种子发芽数以累计方法记录。

注意事项

1. 赤霉素难溶于水，所以使用前应先用高浓度的乙醇进行溶解，然后再加入蒸馏水按倍数稀释使用，同时因为赤霉素在水中很容易水解失效，所以赤霉素溶液应现配现用且不可长时间存放。

2. 赤霉素在干燥状态下不易分解，因此药剂应贮存于干燥处。

3. 注意保障种子发芽的其他条件，特别是水分。

思考题

1. 赤霉素是否与其他激素有协同作用促进种子萌发？
2. 赤霉素促进植物种子发芽在实际生产中的意义是什么？

第三节 细胞分裂素的抗衰老作用

实验目的

以离体叶片叶绿素的保持为例，学习并了解细胞分裂素在延缓衰老中的作用。

实验原理

叶片随着叶绿素的减少而逐渐变黄是叶片衰老最明显的特点，离体叶片很快就会出现衰老的特点，因此，可以通过细胞分裂素处理下离体叶片变黄时间的长短来判断细胞分裂素的抗衰老作用。

实验器材与实验试剂

1. 实验器材

9 d 龄的小麦幼苗，向日葵、苍耳或其他薄叶植物的叶片，培养皿、烧杯、乳钵、量筒、滤纸、内径 1 cm 的打孔器、分光光度计。

2. 实验试剂

85%丙酮、细胞分裂素溶液(0.5、5、10 mg/L)。

实验步骤

①取 50 个小麦舌状叶(9 d 苗，高约 10 cm)，放到装有蒸馏水的烧杯并置荧光灯下照射 2~3 d，这个过程能引起叶绿素分解——可见叶色变淡。

如以向日葵、苍耳或其他薄叶植物叶片为材料，应选用成熟变老的淡绿色叶片，可以直接置于放蒸馏水的烧杯中，也可使用打孔器获得叶圆片(直径约 1 cm)，将叶圆片保存在垫有滤纸的培养皿里，滤纸用蒸馏水湿润。

②在 4 个培养皿中，分别注入 25 mL 蒸馏水、25 mL 0.5 mg/L 细胞分裂素、25 mL 5.0 mg/L 细胞分裂素和 25 mL 10.0 mg/L 细胞分裂素。

③从装有叶片或叶圆片的烧杯中分别随机选 5 个离体叶片或 10 个叶圆片用滤纸吸干表面水分后转移到上述各培养皿中，盖上皿盖，置于荧光灯下。接着用分光光度计测定留在烧杯中的叶片或叶圆片的叶绿素总含量(mg/g)，作为对照。

④实验过程中(8~10 d)培养皿中的离体叶片或叶圆片，每天给予 4~10℃下 16 h 黑暗处理和 20~25℃下 8 h 光照处理。

隔天观察并用 5 级标准确定每组叶片或叶圆片的颜色，具体方法是与被定为 5 级的正常的整体的叶子颜色相比较。

⑤8~10 d 后，用分光光度计测定每一处理离体叶片或叶圆片的叶绿素总含量（mg/g）。

⑥按表 7-2 记录实验结果，以叶绿素总含量为纵坐标、对照及各细胞分裂素浓度为横坐标，绘柱状图。

表 7-2　实验结果记录表

试验日数	叶色（5 级）			
	细胞分裂素（mg/L）			蒸馏水
	0.5	5.0	10.0	对照
叶绿素总含量（mg/g）				
占对照的百分数（%）				

注意事项

1. 选取植物材料时，尽量减小个体差异。
2. 测定配制的细胞分裂素溶液的 pH，调节为 5.7。

思考题

1. 细胞分裂素在结构上有何特点？具有细胞分裂素活性的几种主要物质是哪些？其中哪几种是内源的？
2. 哪些指标可以证明细胞分裂素具有抑制或延缓衰老的作用？
3. 根据实验结果，分析细胞分裂素对离体叶片叶绿素的保持作用的原因有哪些？

第四节　生物刺激剂在插条生根上的作用

实验目的

了解生物刺激剂在插条生根上的作用。

实验原理

生长素和赤霉素被广泛地用作生物刺激剂来促进生根。其中，生长素起主要作用，可以促进根原基的发育，加快根的形成，增加根的数目；赤霉素可以促进根的伸长，在促进生根的生物刺激剂中起次要作用。

实验器材与实验试剂

1. 实验器材

甜叶菊、紫杉、崖柏、扁柏、桧等植物的枝条，枝剪、烧杯、纱布、纸板。

2. 实验试剂

吲哚丁酸(IBA)溶液、赤霉素(GA_3)溶液。

实验步骤

①从甜叶菊植株上剪下 48 条枝条，将它们的下半部浸入烧杯内的自来水中。

②将 48 条枝条分为 4 组，分别将 12 根枝条置入 125 mL 的烧杯中，通过涂有石蜡的多孔盘和冷的卡纸板或有机玻璃，加入下面的处理溶液：50 mL H_2O(蒸馏水)；50 mL 0.000 1%浓度的吲哚丁酸；50 mL 0.000 1%浓度的赤霉素；50 mL 0.000 1%浓度的吲哚丁酸和 0.000 1%赤霉素。

③6 d 以后，记录有根插条的数目和每一插条上的根数。

④同时用相对难以生根的木本植物，如紫杉(*Taxus*)、崖柏(*Thuja*)、扁柏(*Chamaecyparis*)、桧(*Jumiperus*)等的枝条来重复同样的实验，但在 2 周和 4 周以后再记录其结果。在用木本材料进行特别实验时，把插条置于室温下各种处理溶液中 24 h，比直接将它们置于一种生根介质如蛭石(多孔云母)、珍珠岩或砂中更好。另外，实验中可把叶片剪掉一半以减少蒸腾作用，并用一块湿纱布或一张塑料薄膜覆盖在插条上部。插条的基部以斜切为好，以增加根形成的表面面积。

注意事项

1. 扦插枝条的存活率是本实验成功的关键，要注意减少蒸腾失水。
2. 不同植物生根所需 IBA 浓度不一，大规模扦插时应先做预试验。

思考题

1. 不同物种扦插枝条生根实验中，各种生物刺激剂处理时间有所差别吗？差别的原因是什么？
2. 除了浸泡处理之外，促进插条生根还有其他处理方法吗？不同处理方法有什么区别？

第五节　基于 LC-MS/MS 平台的植物激素分析方法

实验目的

学习和掌握基于液相色谱串联质谱(LC-MS/MS)平台的植物激素分析方法。

实验原理

植物激素是指在植物体内合成的、通常从合成部位运往作用部位的、对植物的生长发育产生显著调节作用的微量有机物质。植物激素对植物生理活动的调节会涉及激素浓度的变化。掌握植物体内激素的组成以及含量的变化情况有助于发现更多的植物激素间的相互作用，进而探索可能的作用机理。基于 LC-MS/MS 平台的植物激素分析方法，可定量检测八大类植物激素的含量：生长素(Auxin)、细胞分裂素(Cytokinins, CKs)、脱落酸(Abscisic acid, ABA)、茉莉酸(Jasmonates, JAs)、水杨酸(Salicylic acid, SA)、赤霉素(Gibberellins, GAs)、乙烯类(Ethylene, ETH)、独脚金内酯(Strigolactones, SLs)。

实验器材与实验试剂

1. 实验器材

新鲜的植物组织或超低温保存的植物组织、LC-MS/MS(SCIEX 公司 QTRAP 6500$^+$)、离心机、电子天平、球磨仪、离心浓缩仪、多管涡旋振荡器、超声波清洗机、滤膜等。

2. 实验试剂

甲醇、乙腈、乙酸、甲酸、标准品等。

实验步骤

1. 样本前处理

①取出新鲜的植物组织或超低温保存的植物组织样本，用球磨仪研磨(30 Hz, 1 min)至粉末状。

②称取 50 mg 研磨后的样本，分别加入 10 μL 浓度为 100 ng/mL 的内标混合溶液，1 mL 提取剂(甲醇：水：甲酸=15：4：1)，混匀。

③涡旋 10 min，于 4℃，12 000 r/min 条件下，离心 5 min，取上清液至新的离心管中进行浓缩。

④浓缩后用 100 μL 80%甲醇溶液复溶，过 0.22 μm 滤膜，置于进样瓶中，用于 LC-MS/MS 分析。

2. 色谱质谱采集条件

数据采集仪器系统主要包括超高效液相色谱(ultra performance liquid chromatography, UPLC)(ExionLC AD, https://sciex.com.cn/)和串联质谱(tandem mass spectrometry, MS/MS)(QTRAP© 6500+, https://sciex.com.cn/)。

①液相条件主要包括

a. 色谱柱：Waters ACQUITY UPLC HSS T3 C18 柱(1.8 μm, 100 mm×2.1 mm i.d.)。

b. 流动相：A 相，超纯水(加入 0.04%的乙酸)；B 相，乙腈(加入 0.04%的乙酸)。

c. 梯度洗脱程序：0 min A/B 为 95：5，1.0 min A/B 为 95：5，8.0 min 为 5：95，9.0 min 为 5：95，9.1 min 为 95：5，12.0 min 为 95：5。

d. 流速 0.35 mL/min；柱温 40℃；进样量 2 μL。

②质谱条件主要包括　电喷雾离子源(electrospray ionization, ESI)温度 550℃，正离子模式下质谱电压 5 500 V，负离子模式下质谱电压-4 500 V，气帘气(curtain gas, CUR)35 psi。在 Q-Trap 6500+中，每个离子对根据优化的去簇电压(declustering potential, DP)和碰撞能(collision energy, CE)进行扫描检测。

3. 定性定量分析

基于标准品构建数据库，对质谱检测的数据进行定性分析。

定量是利用三重四级杆质谱的多反应监测模式(multiple reaction monitoring, MRM)分析完成。MRM 模式中，四级杆首先筛选目标物质的前体离子(母离子)，排除掉其他分子质量物质对应的离子以初步排除干扰；前体离子经碰撞室诱导电离后断裂形成多个碎片离子，碎片离子再通过三重四级杆过滤选择出所需要的特征碎片离子，排除非目标离子干扰，使定量更为精确，重复性更好。获得不同样本的质谱分析数据后，对所有目标物的色谱峰进行积分，即可通过标准曲线进行定量分析。

采用 Analyst 1.6.3 软件处理质谱数据时，图 7-1 所示为样本的总离子流色谱图(TIC)和提取离子流色谱图(XIC)，横坐标为检测的保留时间(Time，min)，纵坐标为离子检测的离子流强度(Intensity，cps)。采用 MultiQuant 3.0.3 软件处理质谱数据时，参考标准品的保留时间与峰型信息，对待测物在不同样本中检测到的质谱峰进行积分校正，以确保定性定量的准确。图 7-2 展示了随机抽取的某物质在不同样本中的定量分析积分校正结果，横坐标为检测的保留时间(Time，min)，纵坐标为离子检测的离子流强度(Intensity，cps)。

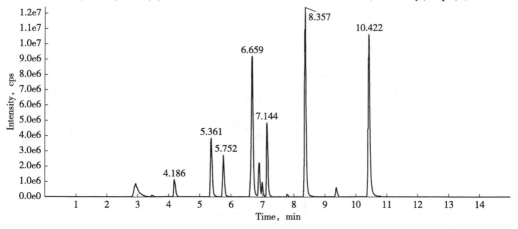

图 7-1　样本的总离子流色谱图(TIC)和提取离子流色谱图(XIC)

对所有样本进行定性定量分析，每个色谱峰的峰面积(Area)代表对应物质的相对含量，代入线性方程和计算公式，最终可得到所有样本中待测物的定性定量分析结果。

4. 样本质控分析

以混合标准溶液作为质控样本，在仪器分析过程中，每隔 10 个检测分析样本插入一个质控样本，通过对同一质控样本质谱检测分析的总离子流色谱图(TIC)进行重叠展示分析，可反映项目检测期间仪器的稳定性。仪器的高稳定性为数据的重复性和可靠性提供了重要的保障。

5. 标准曲线

配制 0.01、0.05、0.1、0.5、1、5、10、50、100、200、500 ng/mL 不同浓度的标准品溶液(其中，TRP 和 SAG 为上述浓度的 20 倍，即标曲浓度为 0.2~10 000 ng/mL)，获取各个浓度标准品的对应定量信号的质谱峰强度数据；以外标与内标浓度比(Concentration Ratio)为横坐标，外标与内标峰面积比(Area Ratio)为纵坐标，绘制不同物质的标准曲线。

6. 样本含量

将检测到的所有样本的积分峰面积比值代入标准曲线线性方程以及式(7-2)进行计算，最终可得到实际样本中该物质的含量数据(注意：计算公式已进行单位换算，直接将对应数

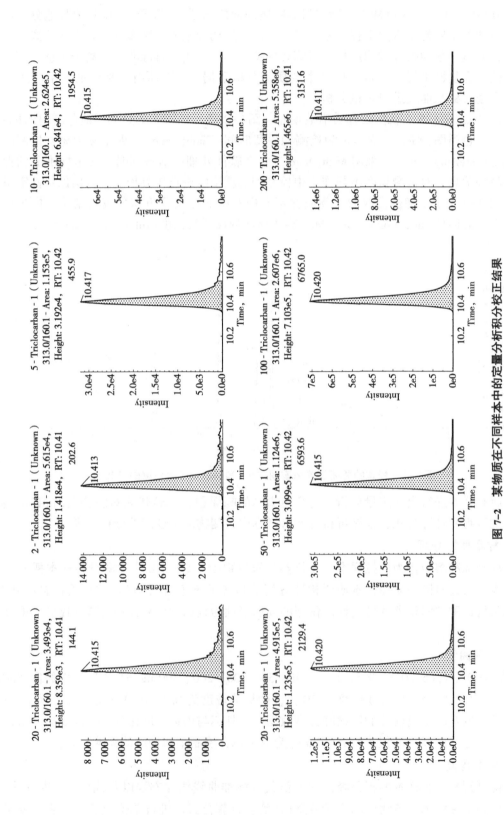

图 7-2 某物质在不同样本中的定量分析积分校正结果

值代入即可得到样本中激素的含量)。

$$样本中激素的含量(ng/g) = c \times V/(1\,000 \times m) \tag{7-2}$$

式中：c——样本中积分峰面积比值代入标准曲线得到的浓度值(ng/mL)；
　　　V——复溶时所用溶液的体积(μL)；
　　　m——称取的样本质量(g)。

📢 **注意事项**

1. 样品必须过 0.22 μm 滤膜过滤，不得有固体颗粒物。
2. 上样的溶剂，必须是色谱纯，最好和流动相比例一致。
3. 反相体系，不允许用正己烷等极性弱的溶剂溶解样品并上样。
4. 样品不允许含有金属离子、表面活性剂(不要用洗洁精洗瓶子)、磷酸盐、硼酸盐等不挥发盐。

思考题

1. 植物激素都有哪些特点？
2. 检测植物激素都有哪些方法？它们之间有什么不同？

第八章　树木的生长生理

第一节　种子生活力的测定

实验目的

了解种子生活力快速测定的常用方法，理解其测定原理，掌握 TTC、BTB 和红墨水 3 种测定种子生活力的方法。

(一) TTC 法

实验原理

有生活力的种子能够进行呼吸作用，在呼吸代谢过程中，底物经脱氢酶催化所释放的氢可以将无色的 TTC 还原为红色的三苯基甲臜(TTF)，使种胚染为红色，由此快速测定种子生活力。种子生活力越强，呼吸代谢活动越旺盛，种胚染色越深；种子生活力衰退或部分丧失，种胚染色较浅或局部染色；种子生活力完全丧失，种胚便不能被染色。

实验器材与实验试剂

1. 实验器材

小麦、水稻、玉米、大豆、棉花、油菜等植物种子，恒温箱、天平、烧杯、量筒、培养皿、镊子、刀片等。

2. 实验试剂

0.5% TTC 溶液：称取 0.5 g TTC 放在烧杯中，加入少许 95% 乙醇使其溶解，然后用蒸馏水定容至 100 mL。溶液贮于棕色试剂瓶中，避光保存，发红时不能再用。

实验步骤

1. 浸种

将待测种子在装有 30~35 ℃ 温水的培养皿中浸泡 2~8 h，使种子充分吸胀，以提高种胚呼吸强度，使显色迅速。

2. 染色

取吸胀的种子 100 粒（水稻种子应去壳，豆类种子要去皮），用刀片沿种胚的中心线纵切为均等的两半，将其中的一半置于培养皿中，加入适量的 0.5% TTC 溶液，以淹没种子为度。然后置于 30 ℃恒温箱中孵育 0.5~1 h。将另一半种子在沸水中煮 5 min,作同样的染色处理。

3. 计算

统计种胚被染成红色的种子数,计算具有生活力的种子的百分率。

注意事项

1. 测定种子的种类不同,浸种时间不同,如小麦、大麦浸种时间为 6~8 h,玉米为 5 h,以种子充分吸胀为宜。不同种子呼吸代谢强度不同,测定时所用 TTC 浓度和显色时间也不同,具体可查阅相关资料。

2. TTC 溶液应随用随配,不宜久藏。

(二) 溴麝香草酚蓝(BTB)法

实验原理

有生活力的种子在呼吸代谢过程中释放的 CO_2 溶于水成为碳酸,碳酸解离成 H^+ 和 HCO_3^-,使种胚周围环境的酸度增加,可用酸碱指示剂 BTB 来测定酸度的变化,从而快速测定种子的生活力。BTB 的变色范围为 pH=6.0~7.6,酸性呈黄色,碱性呈蓝色,中间经过绿色(变色点为 pH=7.1)。色泽差异显著,易于观察。

实验器材与实验试剂

1. 实验器材

小麦、水稻、玉米、大豆、棉花、油菜等植物种子,恒温箱、天平、烧杯、培养皿、镊子、漏斗、滤纸等。

2. 实验试剂

① 0.1% BTB 溶液 称取 0.1 g BTB,溶解于 100 mL 煮沸后冷却的自来水中(因配制指示剂应为微碱性,蒸馏水呈微酸性不宜使用),用滤纸滤去残渣,再用稀氨水调溶液颜色至蓝色或蓝绿色。滤液贮于棕色瓶中,盖紧瓶塞避免 CO_2 进入,可长期避光保存。正常情况下配置的滤液应呈蓝色或蓝绿色。若呈黄色,可加数滴稀氨水,使之变为蓝色或蓝绿色。

② 1% BTB 琼脂凝胶 取 0.1% BTB 溶液 100 mL 置于烧杯中,加入 1 g 琼脂,用小火加热并不断搅拌。待琼脂完全溶解后,趁热倒在数个干净的培养皿中,使之成为均匀的薄层。

实验步骤

1. 浸种

将待测种子在装有 30~35℃温水的培养皿中浸泡 2~8 h,使种子充分吸胀,以提高种胚呼吸强度,使显色迅速。

2. 染色

取吸胀的种子 100 粒,整齐地埋于尚未完全冷却的 1% BTB 琼脂凝胶培养皿中,种子平放,种胚朝下,间距 1 cm 以上,盖好培养皿盖。然后将培养皿置于 30~35 ℃下孵育 2~4 h,

在蓝色背景下观察种胚附近是否呈现黄色晕圈,标记有黄色晕圈的种子。另取吸胀的种子 100 粒用沸水处理 5 min,作同样的染色处理,并标记有黄色晕圈的种子。

3. 计算

统计种胚附近出现黄色晕圈的种子数,计算具有生活力的种子百分率。

📢 注意事项

1. 配制 BTB 指示剂时,不宜用微酸性的蒸馏水,要用煮沸过的自来水配制,其为微碱性,使溶液呈蓝色或蓝绿色。

2. 富含脂肪酸的油料种子不能采用 BTB 法测定种子的生活力,因为死种子的膜结构破坏,吸胀后脂肪酸外渗,能提高周围环境的酸度,也会使种子周围呈现黄色晕圈。

(三) 红墨水法

实验原理

有生活力的种胚细胞原生质膜具有选择透性能力,红墨水分子不能进入细胞内,胚部不易被染色;死的种胚细胞的细胞膜结构被破坏,通透性增加,红墨水分子可自由进入细胞内使胚部染色。所以可根据种胚的染色情况快速测定种子的生活力。

实验器材与实验试剂

1. 实验器材

小麦、水稻、玉米、大豆、棉花、油菜等植物种子,烧杯、量筒、培养皿、镊子、刀片等。

2. 实验试剂

5% 的红墨水溶液:取 5 mL 红墨水用蒸馏水定容至 100 mL,贮于试剂瓶中备用。

实验步骤

1. 浸种

将待测种子在装有 30~35℃ 温水的培养皿中浸泡 2~8h,使种子充分吸胀,以提高种胚呼吸强度,使显色迅速。

2. 染色

取吸胀的种子 100 粒(水稻种子应去壳,豆类种子要去皮),用刀片沿种胚的中心线纵切为均等的两半,将其中的一半置于培养皿中,加入适量的 5% 红墨水溶液,以淹没种子为度。染色 10~15 min(温度高,时间可缩短)后倾出红墨水,用水冲洗至洗液无色。将另一半的种子在沸水中煮 5 min,作同样染色处理。对比观察种胚的着色情况,标记种胚不着色或着色很浅的种子,和种胚与胚乳着色程度相同的种子。

3. 计算

统计种胚不着色或着色很浅的种子数,计算具有生活力的种子的百分率。

注意事项

红墨水浓度要适当,染色时间不宜太久,否则不易区分染色与否。

思考题

1. 实验结果与发芽率是否相符,为什么?
2. 比较 TTC、BTB 和红墨水法的测定结果是否相同,为什么?

第二节 根系活力的测定

实验目的

了解常用的植物根系活力的测定方法,理解其测定原理,掌握 α-萘胺氧化法、吸附甲烯蓝法、TTC 法 3 种根系活力的测定方法。

(一) α-萘胺氧化法

实验原理

植物的根系可通过过氧化物酶将吸附在根表面的 α-萘胺氧化生成红色的 α-羟基-1-萘胺,沉淀于根的表面,使这部分根染成红色。过氧化物酶的活力越强,对 α-萘胺的氧化能力就越强,染色也就越深。所以可根据染色深浅判断根系活力的强弱,还可通过测定溶液中未被氧化的 α-萘胺的量,定量测定根系活力。α-萘胺在酸性环境下与对氨基苯磺酸和亚硝酸盐作用产生红色的偶氮染料。因此可用比色法测定 α-萘胺的含量。

实验器材与实验试剂

1. 实验器材

山核桃、雷竹等、分光光度计、分析天平、三角烧瓶、量筒、移液管、容量瓶、恒温箱。

2. 实验试剂

0.1 mol/L pH 7.0 磷酸缓冲液(PBS)、α-萘胺溶液、1%对氨基苯磺酸、亚硝酸钠溶液。

①α-萘胺溶液 称取 10 mg α-萘胺,先用 2 mL 左右的 95%乙醇溶解,然后加水定容到 200 mL,制成 50 μg/mL 的 α-萘胺溶液,再取 150 mL 该溶液加水稀释成 25 μg/mL 的 α-萘胺溶液。

②1%对氨基苯磺酸 将 1 g 对氨基苯磺酸溶解于 100 mL 30%乙酸溶液。

③亚硝酸钠溶液 取 10 mg $NaNO_2$ 溶于 100 mL 蒸馏水中。

实验步骤

1. 定性观察

取待测植株(完全培养液和缺氮培养液植株各一棵),用水冲洗根部,用滤纸吸去表面的水分。然后将根系浸入盛有 25 μg/mL 的 α-萘胺溶液的避光容器中,静置 24~36 h 后观察根系着色状况。

2. 定量测定

(1) α-萘胺氧化

取待测植株(完全培养液和缺氮培养液植株各一棵),用水冲洗根部,剪下根系,用滤纸吸去表面的水分,称取 1~2 g 放入 100 mL 三角烧瓶中,同时取另一烧瓶不放入根,设置为平行的空白对照。在烧瓶中加入 50 μg/mL α-萘胺溶液与 0.1 mol/L pH 7.0 PBS 等量混合液 50 mL,轻轻振荡。随后将根全部浸入溶液中,静置 10 min,从中吸取 2 mL 液体,标记为待测液 1。再将三角烧瓶加塞,放在 25℃ 恒温箱中,孵育 1 h 后,从中取 2 mL 液体,标记为待测液 2。将空白对照的测定值,视为 α-萘胺自动氧化量的数值。

(2) 绘制 α-萘胺标准曲线

以浓度为 50 μg/mL 的 α-萘胺溶液为母液。配制浓度为 0、5、10、15、20、30、35、40、45、50 μg/mL 的系列溶液,各取 2 mL 放入试管中,加蒸馏水 10 mL,1% 对氨基苯磺酸溶液 1 mL 和 0.1 mg/mL 亚硝酸钠溶液 1 mL,室温放置 5 min 待混合液变成红色,再用去离子水定容到 25 mL。在 20~60 min 内 510 nm 条件下比色,读取 OD 值并记录。以 OD 值作为纵坐标,α-萘胺浓度为横坐标作图,即得标准曲线。

(3) α-萘胺含量的测定

吸取 2 mL 待测液于试管中,加入 10 mL 蒸馏水,再在其中加入 1% 对氨基苯磺酸 1 mL 和 0.1 mg/mL 亚硝酸钠溶液 1 mL,室温放置 5 min 待混合液变成红色,再用蒸馏水定容到 25 mL。在 20~60 min 内 510 nm 条件下比色,读取 OD 值并记录。根据标准曲线所得的回归方程计算 α-萘胺浓度,待测液 1 减去待测液 2 中 α-萘胺的浓度差值并去除自动氧化数值,即为 α-萘胺的生物氧化强度,以 mg/(g FW·h) 表示。

(4) α-萘胺氧化强度的计算

将上述实验组待测液 1 和 2 的测定值分别视为 OD_1 和 OD_2,根据标准曲线回归方程计算 α-萘胺含量分别计为 T_1、T_2;对照组的测定值则视为 OD_{01} 和 OD_{02},计算所得 α-萘胺含量分别计为 C_1、C_2;按照公式:反应液体积 $V \times [(T_1-T_2)-(C_1-C_2)]$/根鲜重×1 h,计算样本中 α-萘胺的氧化强度。

注意事项

α-萘胺在空气中会被氧化,注意密封保存。

(二) 吸附甲烯蓝法

实验原理

根据植物矿质吸收理论,植物对矿质的吸收具有吸附的特征。假定在根系表面均匀地覆盖了一层被吸附矿质的单分子层使根系表面达到吸附饱和；根系的活跃部分能把原来吸附的矿质运送到细胞中去参与细胞活动；根系表面的吸附物未达到饱和，会继续吸收矿质。实验中常用甲烯蓝作为被吸附物质，根据吸附前后甲烯蓝浓度的变化可计算出甲烯蓝的被吸附量。已知 1 mg 甲烯蓝呈单分子层时所占面积为 1.1 m^2，据此即可求出根系的总吸收面积；从解吸后继续吸附的甲烯蓝的量，即可算出根系的活跃吸收面积，该指标可作为根系活力指标。

实验器材与实验试剂

1. 实验器材
植物根系、分光光度计、烧杯、量筒、吸量管、试管、滤纸等。

2. 实验试剂
64 μg/mL 甲烯蓝、10 μg/mL 甲烯蓝。

实验步骤

①甲烯蓝溶液标准曲线的制作步骤如下：取 7 支具塞刻度试管，按照 0~6 编号，按表 8-1 分别加入 0~10 mL 10 μg/mL 的甲烯蓝标准液，再依次补充蒸馏水至总体积为 10 mL，作为甲烯蓝系列标准液，在 660 nm 波长下，分别测定各试管溶液的吸光度值。以吸光度 OD_{660} 为纵坐标，甲烯蓝溶液浓度为横坐标，绘制标准曲线，求得线性回归方程。

表 8-1 标准曲线制作表

试剂	试管						
	0	1	2	3	4	5	6
10μg/mL 甲烯蓝液(mL)	0	1	2	4	6	8	10
蒸馏水(mL)	10	9	8	6	4	2	0
甲烯蓝浓度(μg/mL)	0	1	2	4	6	8	10

②取待测植物根系并冲洗干净，用滤纸小心吸干，用排水法在量杯或量筒中测定其根系体积(cm^3)，并记录在表 8-2 中。

③把 10 倍于根体积的 64 μg/mL 甲烯蓝溶液(为表 8-2 中溶液原来的浓度 C)分别倒在编号为 1、2、3 号小烧杯里，准确记下每杯的溶液用量，视为杯中甲烯蓝溶液量(mL)并记录在表 8-2 中。

④从 3 个烧杯中各取甲烯蓝溶液 1 mL 加入试管中，用蒸馏水稀释 10 倍后，测定 OD_{660}，通过查标准曲线和简单计算，求得各杯溶液中浸根后的甲烯蓝浓度 C'(μg/mL)，记录在表 8-2 中，再根据吸附后所剩甲烯蓝和各杯中吸附前甲烯蓝质量，求出每杯被根系吸收的甲烯蓝质量(μg)，然后按式(8-1)求出根的吸收面积，记录在表 8-2 中。

$$总吸收面积 = \{[(C_1-C'_1)\times V_1]+[(C_2-C'_2)\times V_2]\}\times 1.1 \quad (8-1)$$
$$活跃吸收面积 = [(C_3-C'_3)\times V_3]\times 1.1$$
$$活跃吸收面积比 = 活跃吸收面积/总吸收面积\times 100\%$$

比表面＝根的总吸收面积/根的体积

式中：C——溶液原来浓度(μg/mL)；

C'——浸根后的浓度(μg/mL)；

V——溶液量(mL)；

1、2、3——烧杯编号。

表8-2 测定根系吸收面积记录表

植物名称	杯中甲烯蓝溶液量(mL)	开始时甲烯蓝浓度(μg/mL)	浸根后溶液浓度(μg/mL)			被吸收的甲烯蓝量(μg)			根吸收面积(m^2)		活跃吸收面积(%)	根系体积(cm^3)	比表面	
			烧杯			烧杯								
			1	2	3	1	2	3	总的	活跃的			总的	活跃的
			C'_1	C'_2	C'_3	m_1	m_2	m_3						

注意事项

1. 所加甲烯蓝量不能过多，各瓶加量要尽量一致。
2. 甲烯蓝吸附法，注意每次取出根系时都要甲烯蓝溶液从根上流回到原杯中。

(三) TTC法

实验原理

无色的TTC溶液可被根系细胞内的琥珀酸脱氢酶等还原，生成红色的不溶于水的TTF。因此，TTC还原强度可在一定程度上反映根系的活力。

实验器材与实验试剂

1. 实验器材

山核桃、雷竹等植物的根、烧杯、分光光度计、容量瓶、恒温箱、石英砂、研钵、量筒、三角烧瓶、刻度试管。

2. 实验试剂

乙酸乙酯、连二亚硫酸钠、1% TTC、1 mol/L 硫酸、0.4mol/L 琥珀酸、66 mmol/L PBS。

①1% TTC　准确称取 TTC 1.0 g，溶于少量水中，定容至 100 mL。

②1 mol/L 硫酸　用量筒取98%浓硫酸 55 mL，边搅拌边加入盛有 500 mL 蒸馏水的烧杯中，冷却后定量至 1 L。

③0.4mol/L 琥珀酸　称取琥珀酸 4.72 g，溶于水中，定容至 100 mL。

④66 mmol/L pH 7.0 PBS　A液：称取二水磷酸氢二钠 11.876 g 溶于蒸馏水中，定容至 1 L；B液：称取磷酸二氢钾 9.078 g 溶于蒸馏水中，定容至 1 L。用时取 A 液 60 mL，B 液 40 mL 混合即可。

实验步骤

1. 定性观察

①反应液的配制　将1% TTC 溶液、0.4 mol/L 琥珀酸和 66 mmol/L pH 7.0 PBS 按 1∶5∶4 混合。

②将待测根系洗净后小心吸干水分，浸入盛有反应液的三角烧瓶中，置于 37 ℃暗处孵育 2~3 h，观察着色情况。

2. 定量测定

(1) 标准曲线的制作

配制浓度 0、0.005、0.01、0.02、0.03、0.04% 的 TTC 溶液，各取 5 mL 放入刻度试管中，分别加入 5 mL 乙酸乙酯和少量连二亚硫酸钠(2 mg)，充分振荡后产生红色的 TTF，转移到乙酸乙酯层，待有色液层分离后，补充 5 mL 乙酸乙酯，振荡后静置分层，取上层乙酸乙酯液，以空白作为参比，在分光光度计上于 485 nm 处测定各溶液的 OD 值，以 TTC 浓度作为横坐标，OD 值作为纵坐标绘制标准曲线。

(2) TTC 还原量的测定

取待测植株(完全培养液和缺氮培养液植株各一棵)，用水冲洗根部，用吸水纸小心吸干表面水分。称取根样品 2 g，浸没于盛有 5 mL 0.4% TTC 和 5 mL 66 mmol/L pH 7.0 PBS 的混合液的烧杯中，于 37 ℃反应 3 h，然后加入 2 mL 1 mol/L 硫酸终止反应。取出根，小心吸干水分后与 5 mL 乙酸乙酯和少量石英砂混合，在研钵中充分研磨，过滤后将红色提取液移入 10 mL 容量瓶，再用少量乙酸乙酯把残渣洗涤 2~3 次，洗涤液皆移入容量瓶，用乙酸乙酯定容至刻度。取容量瓶中的待测液用分光光度计于 485 nm 处比色，记录 OD 值，标准曲线，即可求出 TTC 的还原量。

(3) 计算

$$TTC\ 还原强度 = TTC\ 还原量(g)/根重(g) \times 时间(h)$$

注意事项

根系应吸干水分但不能用力挤压以免伤及细胞。

思考题

1. 测定植物根系活力的方法有多种，请再举出一种并简单描述其原理和方法。
2. 试比较同一作物水培与沙培的根系发育情况。

第三节　淀粉酶活性的测定

实验目的

通过实验掌握淀粉酶活力的测定方法。

实验原理

淀粉酶由几种催化特点不同的酶组成，其中α-淀粉酶随机地作用于淀粉的非还原端，将淀粉转化为麦芽糖、麦芽三糖、糊精等还原糖，同时使淀粉浆的黏度下降，因此又称为液化酶；β-淀粉酶每次从淀粉的非还原端切下一分子麦芽糖，又被称为糖化酶；葡萄糖淀粉酶则从淀粉的非还原端每次切下一个葡萄糖，另外还包括可以水解支链淀粉α-1,6-糖苷键的淀粉脱支酶。淀粉酶产生的这些还原糖能使3,5-二硝基水杨酸还原，生成棕红色的3-氨基-5-硝基水杨酸。淀粉酶活力的大小与产生的还原糖的量成正比。可以用麦芽糖制作标准曲线，用比色法测定淀粉生成的还原糖的量，以单位重量样品在一定时间内生成的还原糖的量表示酶活力。几乎所有植物中都存在淀粉酶，特别是萌发后的禾谷类种子，其淀粉酶活性最强，主要是α-和β-淀粉酶。α-淀粉酶不耐酸，在pH 3.6以下迅速钝化；而β-淀粉酶不耐热，在70℃ 15 min则被钝化。根据它们的这种特性，在测定时钝化二者之一，就可测出另一个酶的活力。本实验采用的方法为加热钝化β-淀粉酶测出α-淀粉酶的活力，再与非钝化条件下测定的总活力(α+β)比较，求出β-淀粉酶的活力。

实验器材与实验试剂

1. 实验器材

萌发的小麦种子(芽长约1 cm)、分光光度计、离心机、恒温水浴(37℃、70℃、100℃)、具塞刻度试管、刻度吸管、容量瓶、离心管。

2. 实验试剂

①标准麦芽糖溶液(1 mg/mL)　精确称取100 mg麦芽糖，用蒸馏水溶解并定容至100 mL。

②3,5-二硝基水杨酸试剂　精确称取1 g 3,5-二硝基水杨酸，溶于20 mL 2 mol/L氢氧化钠溶液中，加入50 mL蒸馏水，再加入30 g酒石酸钾钠，待溶解后用蒸馏水定容至100 mL。盖紧瓶塞，以免CO_2进入。若溶液混浊可过滤后使用。

③0.1 mol/L pH 5.6柠檬酸缓冲液　A液(0.1 mol/L 柠檬酸)：称取一水柠檬酸21.01 g，用蒸馏水溶解并定容至1 L；B液(0.1 mol/L 柠檬酸钠)：称取二水柠檬酸钠29.41 g，用蒸馏水溶解并定容至1 L。取A液55 mL与B液145 mL混匀，即为0.1 mol/L pH 5.6的柠檬酸缓冲液。

④1%淀粉溶液　称取1 g淀粉溶于100 mL 0.1mol/L pH 5.6的柠檬酸缓冲液中。

实验步骤

1. 麦芽糖标准曲线的制作

取7支干净的具塞刻度试管，编号，加入麦芽糖标准溶液、二硝基水杨酸及蒸馏水。摇匀，置沸水浴中煮沸5 min。取出后流水冷却，加蒸馏水定容至20 mL。以1号管作为空白调零点，在540 nm波长下比色测定，记录各标准品的OD_{540}值。以麦芽糖含量为横坐标，各标准品的OD_{540}值为纵坐标，绘制标准曲线。

2. 酶液制备

称取1 g萌发3天的小麦种子(芽长约1 cm)，置于预冷研钵中，加少量石英砂和2 mL

预冷蒸馏水，冰浴研磨成匀浆。将匀浆倒入离心管中，用 6 mL 蒸馏水分次将残渣洗入离心管。提取液在室温下放置提取 15~20 min，每隔数 min 搅动 1 次，使其充分提取。然后在 3 000 r/min 离心 10 min，将上清液倒入 100 mL 容量瓶中，加蒸馏水定容至刻度，摇匀，即为淀粉酶原液。吸取上述淀粉酶原液 10 mL，放入 50 mL 容量瓶中，用蒸馏水定容至刻度，摇匀，即为淀粉酶稀释液。

3. α-和 β-淀粉酶活性测定

取 6 支干净的具塞刻度试管，进行编号后按表 8-3 进行操作。

表 8-3　测定 α-和 β-淀粉酶活性记录表

	α-淀粉酶活性			$\alpha+\beta$-淀粉酶活性		
试管编号	1	2	3	4	5	6
淀粉酶提取液(mL)	1	1	1	0	0	0
进行 β-淀粉酶钝化，在 70℃ 水浴中孵育 15 min 后冷却						
淀粉酶提取液(mL)	0	0	0	1	1	1
3,5-二硝基水杨酸试剂(mL)	2	0	0	2	0	0
将各试管及淀粉溶液置于 37℃ 水浴中孵育 10 min						
1%淀粉溶液(mL)	1	1	1	1	1	1
37℃ 水浴中孵育 5 min						
3,5-二硝基水杨酸试剂(mL)	0	2	2	0	2	2

最后加入 3,5-二硝基水杨酸试剂后，摇匀，置沸水浴中煮沸处理 5 min，取出后迅速冷却，加蒸馏水至 20 mL，摇匀后在 540 nm 波长下测定并记录 OD 值，用 2、3 管 OD 平均值与 1 管 OD 值之差，及 5、6 管 OD 平均值与 4 管 OD 值之差，根据标曲计算麦芽糖含量 (mg)。按照式(8-2)进行酶活力的计算。

$$\text{淀粉酶活力}[\text{mg}/(\text{g} \cdot \text{min})] = C \times V_T / W \times V_s \times t \qquad (8-2)$$

式中：C——从标准曲线上查得的麦芽糖含量(mg)；

V_T——淀粉酶原液总体积(mL)；

V_s——反应所用淀粉酶原液体积(mL)；

W——样品质量(g)；

t——反应时间(min)。

📢 **注意事项**

所测样品应在冰浴中充分匀浆(所用研钵和蒸馏水必须预冷)，在室温下浸提时要常振荡。

思考题

1. 本实验最易产生有较大误差的操作有哪些步骤？为什么？怎样的操作策略可以尽量减少误差？

2. 众多测定淀粉酶活力的实验设计中，一般均采取钝化 β-淀粉酶的活力而测 α-淀粉酶和总酶活力的策略，为何不采取钝化 α-淀粉酶活力去测 β-淀粉酶活力呢？这种设计思路说明什么？

第四节　脂肪酸含量的测定

实验目的

了解脂肪酸含量测定的原理，掌握植物组织中脂肪酸含量测定的方法。

实验原理

植物组织特别是油料作物种子，在萌发过程中，由于脂肪酶的作用，贮藏的脂肪被水解成脂肪酸和甘油。其中，脂肪酸可用碱滴定的方法测定其含量。

实验器材与实验试剂

1. 实验器材

未发芽和发芽的花生或油菜种子、研钵、水浴锅、漏斗、三角瓶、碱式滴定管试管。

2. 实验试剂

95%乙醇、20 g/L 氢氧化钠、1%酚酞试剂。

实验步骤

①取未发芽和发芽的花生或油菜种子 2 g，加 3 mL 95%乙醇研磨成匀浆，倒入试管中，再取 22 mL 95%乙醇洗涤研钵，并将洗涤液全部转入试管中。将试管置于 70 ℃水浴锅中保温 30 min，在 4 800 r/min 作用下离心 10 min，取上清液。

②在上清液中加入少量活性炭，过滤脱色。吸取滤液 10 mL 于三角瓶中，加酚酞试剂 2 滴，用 20 g/L 氢氧化钠滴定至呈微红色，在 1 min 内不褪色即为终点。记录使用 NaOH 的毫升数，以 NaOH 的毫升数表示脂肪酸的总量。

③根据滴定用的氢氧化钠体积参照式(8-3)计算植物中脂肪酸的总量：

$$\text{脂肪酸总量(mL/g)} = \text{滴定氢氧化钠} \times \frac{25(\text{总提取液体积})}{10(\text{反应使用量})} \times \frac{1}{\text{种子重}} \tag{8-3}$$

注意事项

1. 实验过程中乙醇若有蒸发，应补足到 25 mL。
2. 注意终点指示颜色的转变点。

第五节 纤维素含量的测定

实验目的

了解并掌握纤维素含量测定的原理与方法。

实验原理

纤维素是植物细胞壁的主要成分之一，纤维素含量的多少关系到植物细胞机械组织发达与否，进而影响作物的抗倒伏、抗病虫害能力的强弱。测定粮食、蔬菜及纤维作物中纤维素含量是鉴定其品质好坏的重要指标。

纤维素为 β-葡萄糖残基组成的多糖，在酸性条件下加热能分解成 β-葡萄糖。β-葡萄糖在强酸作用下，可脱水生成 β-糠醛类化合物。β-糠醛类化合物与蒽酮脱水缩合，生成黄色的糠醛衍生物，其颜色的深浅可间接定量测定纤维素的含量。

实验器材与实验试剂

1. 实验器材

烘干的米、面粉或风干的棉、麻纤维，小试管、量筒、烧杯、移液管、容量瓶、布氏漏斗、分析天平、水浴锅、电炉、分光光度计。

2. 实验试剂

60%硫酸溶液、浓硫酸、2%蒽酮试剂、纤维素标准液。

①2%蒽酮试剂　将 2 g 蒽酮溶解于 100 mL 乙酸乙酯中，贮放于棕色试剂瓶中。

②纤维素标准液　准确称取 100 mg 纯纤维素，放入 100 mL 容量瓶中，将容量瓶放入冰浴中，然后加预冷的 60%硫酸 60~70mL，在冰浴条件下消化处理 20~30 min；然后用 60%硫酸定容至刻度，摇匀。吸取容量瓶中的液体 5 mL 放入另一 50 mL 容量瓶中，将容量瓶放入冰浴中，加蒸馏水定容至刻度，则获得 100 μg/mL 纤维素标准液。

实验步骤

1. 纤维素标准曲线的制作

①取 6 支小试管编号，分别放入 0、0.4、0.8、1.2、1.6、2.0 mL 纤维素标准液，然后分别加入 2.0、1.6、1.2、0.8、0.4、0 mL 蒸馏水，摇匀，则每管依次含纤维素 0、40、80、120、160、200 μg。

②向每管加 0.5 mL 2%蒽酮试剂，再沿管壁加 5 mL 浓硫酸，塞上塞子，摇匀，静置 1 min。然后在 620 nm 波长下，测定 6 个纤维素标准液的 OD_{620} 值，并记录。

③以测得的 OD_{620} 值为 Y 轴，对应的纤维素含量为 X 轴，绘制纤维素标准曲线，并计算其回归方程。

2. 样品纤维素含量的测定

①称取风干的棉花纤维 0.2 g 于烧杯中，将烧杯置冷水浴中，加入 60%硫酸 60 mL，消化 30 min，然后将消化好的纤维素溶液转入 100 mL 容量瓶，并用 60%硫酸定容至刻度，摇匀后用布氏漏斗过滤至另一烧杯中。

②取上述滤液 5 mL 放入 100 mL 容量瓶中，置于冷水浴中，加蒸馏水定容至刻度，摇匀。

③取容量瓶中的溶液 2 mL 于具塞试管中，加入 0.5 mL 2%蒽酮试剂，并沿管壁加 5 mL 浓硫酸，塞上塞子，摇匀，静置 12 min，然后在 620 nm 波长下，测定吸光度值 OD_{620}。

3. 结果与分析

将测得的 OD_{620} 值代入回归方程求出纤维素的量，然后按式(8-4)计算样品纤维素的含量：

$$Y(\%) = X \times A \times 100 / W \tag{8-4}$$

式中：X——按回归方程计算出的纤维素含量(μg)；

W——样品质量(g)；

A——样品稀释倍数；

Y——样品中纤维素含量(%)。

注意事项

1. 在样品中加入 2%蒽酮试剂时，试剂必须沿着管壁缓慢加入，以免样品中纤维素提前反应显色，影响实验结果。
2. 浓硫酸加入时需要沿壁缓慢加入，避免溢出或灼伤。
3. 所有样品测定实验必须重复 3 次以上。

思考题

1. 除上述方法外，请列举其他测定纤维素含量的实验方法，并说明原理。
2. 纤维素被认为是细胞壁的骨架物质，为什么？

第六节　可溶性糖含量测定

实验目的

掌握利用苯酚-硫酸法测定植物组织中可溶性糖含量的原理和方法。

实验原理

植物体内的碳素营养状况以及农产品的品质性状，常以糖含量作为重要指标；植物为了适应逆境条件，如干旱、低温，也会主动积累一些可溶性糖，降低渗透势和冰点，以适应外界环境条件的变化。

植物体内的可溶性糖主要是指能溶于水及乙醇的单糖和寡聚糖。苯酚法测定可溶性糖的原理是：糖在浓硫酸作用下，脱水生成的糠醛或羟甲基糠醛，它们能与苯酚缩合成一种橙红色化合物，在 10~100 mg 其颜色深浅与糖的含量成正比，且在 485 nm 波长下有最大吸收峰，故可用比色法间接测定糖的含量。苯酚法可用于甲基化的糖、戊糖和多聚糖的测定，方法简单，试剂便宜，灵敏度高，实验时基本不受蛋白质存在的影响，并且产生的颜色可稳定 160 min 以上。

实验器材与实验试剂

1. 实验器材

新鲜的植物叶片、分光光度计、水浴锅、刻度试管、刻度吸管、容量瓶。

2. 实验试剂

浓硫酸(比重 1.84)、90%苯酚溶液、9%苯酚溶液、1%蔗糖标准液、100 μg/L 蔗糖标准液。

①90%苯酚溶液　称取 90 g 苯酚，加蒸馏水 100 mL 溶解，在室温下可保存数月。

②9%苯酚溶液　取 3 mL 90%苯酚溶液，加蒸馏水至 30 mL，现配现用。

③1%蔗糖标准液　将分析纯蔗糖在 80 ℃下烘至恒重，精确称取 1.000 g，加少量水溶解，转入 100 mL 容量瓶中，加入 0.5 mL 浓硫酸，用蒸馏水定容至刻度。

④100 μg/L 蔗糖标准液　精确吸取 1%蔗糖标准液 1 mL 加入 100 mL 容量瓶中，加水定容至刻度。

实验步骤

1. 标准曲线的制作

取 6 支 20 mL 刻度试管，编号为 0~5，加入 0、0.2、0.4、0.6、0.8、1.0 mL 100 μg/L 蔗糖标准液，相应加入蒸馏水补齐至 2 mL，再向试管内加入 1 mL 9%苯酚溶液，摇匀，再从管液正面以 5~20 s 加入 5 mL 浓硫酸，摇匀后室温下放置 30 min 显色。以空白为参照，在 485 nm 波长下测定 OD 值，绘制标准曲线。

2. 可溶性糖的提取

取新鲜植物叶片，擦净表面污物，剪碎混匀，称取 0.2 g，共 3 份(或干材料)，分别放入 3 支刻度试管中，加入 10 mL 蒸馏水，塑料薄膜封口，于沸水中提取 30 min，重复提取步骤 1 次，将两次提取液过滤入 25 mL 容量瓶中，使用蒸馏水漂洗试管及残渣后，同样将漂洗液过滤在容量瓶中，定容至 25 mL。

3. 测定

吸取 0.5 mL 样品液于试管中，加蒸馏水 1.5 mL，同制作标准曲线的步骤，按顺序分别加入苯酚、浓硫酸溶液，显色并测定吸光度并记录。

4. 计算

根据测定的样品的吸光度和绘制的标准曲线计算出样品中的糖含量，再按式(8-5)计算测试样品的糖含量：

$$\text{可溶性糖含量}(\%) = C \times V \times D / (V_s \times FW \times 10^6) \times 100 \tag{8-5}$$

式中：C——按标曲计算所得的糖含量(mg)；
　　　V——提取液体积(mL)；
　　　V_s——测定所用的样品液体积(mL)；
　　　D——样品液稀释倍数；
　　　FW——样品鲜重质量(g)。

注意事项

1. 由于苯酚-硫酸法测定糖含量受到多种因素的影响，重复性较差，所以在测定果蔬组织中糖含量时，对操作者要求很高。最好始终一人操作，把每个细节都能统一起来。要尽量多做平行实验，以减少个人操作习惯带来的误差。显色反应非常灵敏，溶液中切勿混入纸屑及尘埃。

2. 浓硫酸的纯度、滴加方式和速度，都会对实验结果产生影响。因此，操作方式一定要一致才能获得较好的重复性。

3. 样品中可溶性糖含量的测定步骤必须与标准曲线的制作步骤相同。

思考题

1. 制作标准曲线时应注意哪些问题？
2. 有哪些方法可以测定糖类？列举4种以上并说明原理。

第七节　还原糖含量的测定

实验目的

掌握还原糖的测定原理和方法。

实验原理

植物组织中的可溶性糖可分为还原糖(主要是葡萄糖和果糖)和非还原糖(主要是蔗糖)两类。还原糖具有醛基和酮基，在碱性溶液中煮沸，能把斐林试剂中的Cu^{2+}还原成Cu^+，使蓝色的斐林试剂脱色，脱色的程度与溶液中含糖量成正比。

实验器材与实验试剂

1. 实验器材

植物叶片、根或果实组织、分光光度计、分析天平、水浴锅、具塞刻度试管、刻度吸管、容量瓶、研钵、离心机。

2. 实验试剂

醋酸铅、饱和硫酸钠、斐林试剂A液、斐林试剂B液、0.1%葡萄糖标准液、甲基红指示剂。

①斐林试剂 A 液 40 g 五水硫酸铜溶解于蒸馏水定容至 1 L。

②斐林试剂 B 液 200 g 酒石酸钾钠与 150 g 氢氧化钠溶于蒸馏水中，并定容至 1 L。A、B 两液分别贮存，使用前等体积混合。

③0.1%葡萄糖标准液 取 80 ℃下烘至恒重的葡萄糖 0.1 g，加蒸馏水溶解，定容至 100 mL 0.1 mol/L。

④甲基红指示剂 0.1 g 甲基红溶于 250 mL 60%乙醇中。

实验步骤

1. 标准曲线的制作

取 7 支具塞刻度试管，按照 0~6 编号，分别加入 0~6 mL 1 mg/mL 的葡萄糖标准液，再依次补充蒸馏水至总体积为 6 mL，加入 4 mL 斐林试剂后摇匀，加塞后在沸水浴中加热 15 min，取出后立即用自来水冷却至室温，于 1 500 r/min 离心 15 min。取上清液，用 0 号管溶液调零，在 590 nm 波长下，分别测定其他试管溶液的吸光度值。以吸光度为纵坐标，葡萄糖毫克数为横坐标，绘制标准曲线，求得线性回归方程。

2. 样品中还原糖的提取

取新鲜的植物样品洗净、擦干、剪碎，称取 2 g 放入研钵中研磨至糊状，用蒸馏水辅助转入刻度试管中。在体积接近 15 mL 时，加 2~3 滴甲基红指示剂，如呈红色，可用 0.1 mol/L 氢氧化钠中和至微黄色，再补加蒸馏水至 25 mL 刻度处；若不呈红色，则直接补水至 25 mL。将试管置于 80 ℃恒温水浴中孵育 30 min，其间摇动数次，使还原糖充分浸出。对于含蛋白质较多的样品，此间可少量多次(每次 0.1 mL)加入醋酸铅溶液，除去蛋白质，至不再产生白色絮状沉淀时，加 0.2 mL 饱和硫酸钠溶液除去多余的铅离子。取出后冷却、过滤，用 20 mL 蒸馏水洗涤残渣，再过滤。将两次滤液全部收集在 100 mL 的容量瓶中，使用蒸馏水定容至 100 mL，混匀，作为还原糖提取液备用待测。

3. 样品测定

取 25 mL 刻度试管，分别加入 6 mL 待测液和 4 mL 斐林试剂，按照与制作标准曲线相同的方法操作，在 590 nm 波长下读取吸光度并记录。以不加入样品待测液的对照管的吸光度减去样品管的吸光度，根据标准曲线计算得出糖含量。按式(8-6)计算还原糖的含量：

$$还原糖含量(\%) = C \times V \times D / (V_s \times FW \times 1\,000) \times 100 \tag{8-6}$$

式中：C——按标曲计算所得的葡萄糖含量(mg)；

V——提取液体积(mL)；

V_s——测定所用的样品液体积(mL)；

D——样品液稀释倍数；

FW——样品鲜重质量(g)。

注意事项

1. 斐林试剂 A 液、B 液与还原糖反应是定量关系，它们的多少直接影响测定结果的多少，从而影响检测数据，所以必须精确吸取斐林试剂 A 液、B 液，保证每次取样量一致。

2. 在酸性环境中，Cu^{2+}会变得较为稳定，不容易发生反应，所以不能在酸性环境下进行实验。

思考题

1. 还原糖的测定方法有哪些？
2. 本实验的注意事项有哪些？

第九章　树木的生殖生理

第一节　光周期的诱导

实验目的

了解光周期对植物的诱导作用,掌握光周期诱导植物的方法。

实验原理

植物在营养器官生长的基础上,在适宜的外界条件下分化出生殖器官——花,最后结出果实。植物的花诱导是受外界条件的严格影响的,尤其是光周期的影响。植物在达到一定生理年龄后,经过足够天数的诱导光周期处理,以后即使处于不适宜的光周期下,仍能保持这种刺激的效果而开花的现象叫光周期诱导。所需光周期处理天数,因植物种类而异。

实验器材与实验试剂

1. 实验器材

日本青萍 6746(短日照植物,临近夜长为 11 h,最少诱导时间为 2 d。它的繁殖能力强,生活周期短,培养 15 d 左右即可开花;另外,植株小,能在无菌环境的三角瓶中培养),三角瓶、培养室、光照架或培养箱、暗室(或黑暗盒)、红光灯、高压灭菌锅、超净工作台、镊子、pH 5~7 精密试纸。

2. 实验试剂

蔗糖、1 mol/L 氢氧化钠、1 mol/L 盐酸、Hunter 培养基母液(表 9-1)。

表 9-1　Hunter 培养基

化合物	Hunter 培养基(mg/L)	化合物	Hunter 培养基(mg/L)
磷酸氢二钾	40	七水硫酸铁	2.49
乙二胺四乙酸	50	硼酸	1.42
七水硫酸钠	50	一水钼酸钠	2.52
硝酸铵	20	五水硫酸铜	0.39
碳酸钙	15	七水硫酸钴	0.09
七水硫酸锌	0.58	蔗糖	10 000
一水硫酸锰	1.54		

实验步骤

1. 配制培养基

取上述各母液 0.8 mL 和蔗糖 8 g 溶于蒸馏水中,定容至 1 L,再用 1 mol/L 氢氧化钠或 1 mol/L 盐酸调 pH 至 5.6~6.0。按每瓶 40 mL 将培养基分装于 100 mL 的三角瓶中,塞上棉塞,扎好牛皮纸,于高压灭菌锅中 121 ℃(约 0.11 MPa)灭菌 20 min。

2. 接种

取 15 瓶培养基,在超净工作台中,按无菌操作要求,用长镊子各接入 3~4 片青萍三片叶状体群。

3. 预培养

接种有青萍的三角瓶置于 16 h 光照(光照强度为 2 000 lx),8 h 黑暗下培养 7~8 d。

4. 光周期处理

把预培养的青萍转接至新鲜的培养基中,用不同的光周期(光周期条件见表 9-2 所列)进行处理,每种处理重复 5 次。所有样品均进行 4 d 的光周期诱导。

表 9-2 光周期处理条件

组别	光照时数(h)	黑暗时数(h)	暗期间断
1	8	16	—
2	8	16	*
3	16	8	—

*在黑暗中第 9 h 用 5 W 红灯距离培养物 30 cm,照射 10 min。

5. 实验结果的观察与统计

观察不同光周期处理下植物的形态差异,统计每个培养瓶中植物的开花数量和开花百分率(可以叶状体群为计算单位)。

注意事项

不同植物光周期诱导所需的天数不同,根据植物种类选择相应的短日照和长日照处理天数。

思考题

1. 依据实验中哪几点可以判断日本青萍 6746 为短日照植物?
2. 植物光周期现象的研究有何实际意义?请举例说明。

第二节 花粉活力的测定

实验目的

了解花粉可育与不育的区分方法,掌握不育花粉的生理特征,学习测定花粉活力的方法。

（一）过氧化物酶法

实验原理

有活力的花粉都含有活跃的过氧化物酶，此酶能催化 H_2O_2，将多种酚类及芳香族胺氧化生成有颜色的化合物。利用过氧化物酶的这一性质，我们可以依据颜色反应判断花粉有无活性。

实验器材与实验试剂

1. 实验器材

山核桃花粉、显微镜、载玻片、盖玻片、镊子、分析天平、量筒、烧杯、三角瓶。

2. 实验试剂

①0.5%联苯胺　0.5 g 联苯胺溶于 100 mL 50%乙醇。
②0.5%-萘酚　0.5 g α-萘酚溶于 100 mL 50%乙醇。
③0.25%碳酸钠溶液　0.25 g 碳酸钠溶于 100 mL 蒸馏水。
试验前，将以上 3 种溶液各取 10 mL 混匀后，作为试剂Ⅰ，另将 0.3%过氧化氢作为试剂Ⅱ。

实验步骤

于载玻片上放少量花粉，加试剂Ⅰ和试剂Ⅱ各 1 滴，搅匀，盖上盖玻片，于 30 ℃下孵育 10 min，镜检。观察 2~3 个装片，每个装片取若干视野，记录红色和无色/黄色的花粉粒个数，统计 100 粒花粉，计算有活力花粉的百分率。

注意事项

1. 染完色后，应立即显微镜下观察。
2. 氧化剂有腐蚀性，应小心操作。避免氧化剂过氧化氢挥发，否则染色力会下降。

（二）TTC 法

实验原理

具有活力的花粉呼吸作用较强，其产生的 $NADH_2$ 或 $NADPH_2$，可将无色的 TTC 还原成红色的 TTF 而使其本身着色，无活力的花粉呼吸作用较弱，TTC 的颜色变化不明显，故可根据花粉吸收 TTC 后的颜色变化判断花粉的生活力。

实验器材与实验试剂

1. 实验器材

山核桃花粉、显微镜、载玻片、盖玻片、镊子。

2. 实验试剂

0.5% TTC 溶液。

实验步骤

载玻片上放少量花粉,加 1~2 滴 0.5% TTC 溶液,盖上盖玻片,在 35 ℃恒温箱中放置 15 min,然后镜检。检验中,被染红的花粉活力最强,淡红次之,无色的没有活力。观察 2~3 片制片,每片取若干视野,统计 100 粒花粉中有活力花粉的百分率。

注意事项

1. 染完色后,应立即在显微镜下观察。
2. 染色时需要将花粉完全浸没于染色液中。

(三)碘–碘化钾染色法

实验原理

水稻正常花粉呈圆球形并积累较多淀粉,通常可用碘–碘化钾溶液染成蓝色。发育不良的花粉常呈畸形,且不积累淀粉,用碘–碘化钾溶液染色后不呈蓝色而呈黄褐色。

实验器材与实验试剂

1. 实验器材

山核桃花粉、显微镜、载玻片、盖玻片、镊子、分析天平、量筒、烧杯、棕色瓶。

2. 实验试剂

碘–碘化钾溶液:取 2 g 碘化钾溶于蒸馏水中,然后加入 1 g 碘,待全部溶解后,定容至 300 mL,贮存于棕色瓶中备用)、蒸馏水。

实验步骤

取一花药于载玻片上,加 1 滴蒸馏水,用镊子充分捣碎后,再加 1~2 滴碘–碘化钾溶液,盖上盖玻片,在显微镜下观察。观察 2~3 片制片,记录染成蓝色的花粉粒和黄褐色的花粉粒的数目,统计 100 个花粉粒,计算花粉活力。

注意事项

因含有淀粉而被杀死的花粉粒遇碘–碘化钾溶液也呈蓝色,碘–碘化钾染色法可用于检测植物在正常生长情况下花粉活力,不适用于研究某一处理对花粉活力的影响。

(四)花粉萌发活力测定法

实验原理

有较强活力的花粉在适宜条件下能萌发出花粉管,而无活力的花粉则不能萌发。

实验器材与实验试剂

1. 实验器材

山核桃花粉、显微镜、凹面载玻片、盖玻片、测微尺。

2. 实验试剂

凡士林或石蜡、培养基。

培养基：含硼酸 0.01%、琼脂 0.5%、蔗糖 10%~15%。

实验步骤

①在凹面载玻片的凹槽里滴 1~2 滴水，制成培养小室。如无凹面载玻片，也可用直径约 15 mm 的塑料管或橡皮管，剪成长约 5 mm 的小圆圈（剪口要平），切口上涂少许凡士林或石蜡固定在普通载玻片上，小圈内滴 2 滴水。

②在盖玻片上滴 1 滴培养基溶液，撒少量花粉，倒盖到凹面载玻片的凹槽或制备的小圆圈上，倒置载玻片，将有花粉的一面朝下，必要时也可以在盖玻片周围涂少许凡士林进行封闭及固定，以防止盖玻片移动和水分蒸发。

③将待检测的花粉放置 5~10 min 后进行镜检，并用测微尺测量花粉管长度。取若干视野，统计 100 粒花粉，计算萌发花粉的百分率。同时，测量一些花粉管的长度，粗略划分不同长度的花粉管的比例。

注意事项

1. 培养结束后，应尽快观察统计。
2. 培养温度一般以 25 ℃为宜，室温太低时，不利于花粉的萌发，可将花粉放在 20~25 ℃恒温箱内培养 5~10 min 后再镜检。

思考题

1. 比较花粉活力测定的不同方法，并分析不同方法测定的花粉活力差异的具体原因。
2. 影响花粉活力的因素有哪些？

第十章　树木的成熟和衰老生理

第一节　丙二醛含量的测定

实验目的

掌握植物组织中丙二醛（MDA）含量测定的原理和方法；了解 MDA 含量测定的意义。

实验原理

植物器官在衰老或逆境胁迫时，会发生膜脂过氧化作用，MDA 是其终产物之一，其含量可以反映膜脂过氧化和植物遭受逆境伤害的程度。

在酸性和高温条件下，MDA 可以和硫代巴比妥酸（TBA）反应生成棕红色的三甲复合物，其最大吸收波长为 532 nm。植物遭受干旱、高温、低温等逆境胁迫时可溶性糖增加，而糖与 TBA 显色反应产物在 450 nm 和 532 nm 处也有吸收。因此在测定植物组织中 MDA 含量时一定要排除可溶性糖的干扰。低浓度的铁离子能够显著增加 TBA 与蔗糖或 MDA 显色反应物在 532 nm、450 nm 处的吸光度值，所以在蔗糖、MDA 与 TBA 显色反应中需要一定量的铁离子。通常植物组织中铁离子的含量为每克干重 100~300 μg/g，根据植物样品量和提取液的体积，加入 Fe^{3+} 的终浓度为 0.5 μmol/g。

MDA 与 TBA 反应生成的三甲基复合物在 532 nm 波长下有最大吸收峰，吸收分数为 155 mmol/(L·cm)，并且在 600 nm 波长处有最小吸收峰。可按式（10-1）算出 MDA 浓度 C(μmol/L)，进一步算出单位重量鲜组织中 MDA 含量。

$$C(\mu mol/g) = 6.45 \times (A_{532} - A_{600}) - 0.56 \times A_{450} \tag{10-1}$$

式中：C——MDA 的浓度（μmol/L）；
　　　　A——吸光度值。

实验器材与实验试剂

1. 实验器材

受干旱、高温、低温等逆境胁迫的植物叶片或衰老的植物器官，分光光度计、离心机、电子天平、离心管、研钵、试管、刻度吸管、剪刀等。

2. 实验试剂

石英砂、10%三氯乙酸（TCA）、0.6% TBA。

①10%三氯乙酸（TCA）　称取 10 g TCA 蒸馏水稀释定容至 100 mL。

②0.6% TBA　称取 0.6 g TBA，先用少量 1 mol/L 氢氧化钠溶解，再用 10%的 TCA 定容至 100 mL。

实验步骤

1. MDA 的提取

称取剪碎的实验材料 0.5~1 g，加入 2 mL 10% TCA 和少量石英砂，研磨至匀浆；再加 8 mL TCA 进一步研磨，匀浆在 4 000 r/min 离心 10 min，上清液为样品提取液。

2. 显色反应和测定

吸取离心的上清液 2 mL（空白对照组加 2 mL 蒸馏水），加入 2 mL 0.6% TBA 溶液，混合液于沸水浴上反应 15 min，迅速冷却后在 4 500 r/min 离心 10 min。取上清液测定 532 nm、600 nm 和 450 nm 波长下的吸光度值。

3. 计算

根据式（10-1）算出 MDA 的浓度，再根据公式（10-2）算出单位鲜重组织中的 MDA 含量。

$$y = C \times V / W \qquad (10\text{-}2)$$

式中：C——MDA 浓度（μmol/L）；

V——提取液体积（mL）；

W——植物组织鲜重（g）；

y——MDA 含量（μmol/L）。

注意事项

1. MDA-TBA 显色反应的时间最好控制在 10~15 min。时间太短或太长均会引起 532 nm 下的光吸收值下降。

2. 样品研磨一定要充分，以保证 MDA 提取完全。

3. 当植物处于深度衰老时，水溶性碳水化合物的增加会带来糖类物质的干扰，导致吸光度增大，此情况不可使用 532 和 600 nm 两处吸光值计算 MDA 含量，可测定 510、532、560 nm 处的吸光值，用 $A_{532}-(A_{510}-A_{560})/2$ 的值来代表丙二醛与 TBA 反应液的吸光值。

思考题

1. 正常植物组织与胁迫条件下植物组织的 MDA 含量相比有什么变化？分析其原因。
2. 有哪些因素会影响植物组织 MDA 含量的测定？

第二节　超氧化物歧化酶活性的测定

实验目的

学习和掌握 NBT 光还原法测定超氧化物歧化酶（SOD）活性的方法和原理，并了解 SOD

的作用特性。

实验原理

SOD 普遍存在于一切需氧生物中，主要有 Cu/Zn-SOD、Mn-SOD 和 Fe-SOD 3 种类型，它可以催化超氧阴离子自由基（$O_2^- \cdot$）转变为氧气和过氧化氢，过氧化氢可被过氧化氢酶和过氧化物酶进一步分解或转化。因此，SOD 活性增加可有效保护生物体免受活性氧的伤害，稳定生物膜结构。研究表明，SOD 活性的变化与植物的抗逆反应及衰老进程有密切关系，几乎所有的环境胁迫都可诱导其活性增加，所以该酶已成为植物衰老生理和逆境生理研究的重要对象。

SOD 活性可由被清除的 $O_2^- \cdot$ 量来表示。核黄素在光下氧化产生 $O_2^- \cdot$，后者可将 NBT 还原为蓝色的甲䐶，且在 560 nm 波长下有最大吸收。而 SOD 可清除超氧阴离子，从而抑制了甲䐶的形成。所以，反应液蓝色愈浓，说明酶活性愈低，反之酶活性愈高。抑制 NBT 光还原的相对百分率与酶活性在一定范围内呈正相关关系，据此可以计算出酶活性大小。常常将抑制 50% 的 NBT 光还原反应所需的酶量作为一个酶活力单位（1U）。

实验器材与实验试剂

1. 实验器材

新鲜植物叶片、高速冷冻离心机、分光光度计、微量进样器、光照培养箱、电子天平、量筒、烧杯、容量瓶、棕色广口瓶等。

2. 实验试剂

①50 mmol/L pH 7.8 的磷酸缓冲液。

②260 mmol/L 甲硫氨酸（Met）溶液 称取 1.939 9 g Met 用磷酸缓冲液溶解并定容至 100 mL，低温保存，可使用 1~2 d。

③750 μmol/L NBT 溶液 称取 61.33 mg NBT 用磷酸缓冲液定容至 100 mL，现配现用，低温避光保存，可使用 2~3 d。

④100 μmol/L EDTA-Na$_2$ 溶液 取 37.21 mg EDTA-Na$_2$ 用磷酸缓冲液溶解并定容至 1 L，低温避光保存，可使用 8~10 d。

⑤20 μmol/L 核黄素溶液 取 75.3 mg 核黄素溶于蒸馏水中并定容至 1 L，低温避光保存，现配先用。

实验步骤

1. 粗酶液的制备

称取 1.0 g 洗净的植物叶片（去掉主脉），剪碎后置于已冷冻过的研钵中，加入少量石英砂。用量筒量取 10 mL 50 mmol/L pH 7.8 的磷酸缓冲液，先用少量缓冲液将叶片研磨至匀浆状态后倒入离心管，然后用剩余的缓冲液分数次将残渣冲洗入离心管，于 4 000 r/min 下离心 15 min，取上清液置 4 ℃ 冰箱备用或立即进行测定。

2. 酶活性的测定

每个样品取 8 支试管编号，按表 10-1 加入各试剂，反应体系总体积为 3 mL。其中 4~8

号管中磷酸缓冲液和酶液的加入量依样品中的酶活性进行调整,最终反应液颜色常规为浅蓝色,若呈无色表示酶活性过强,可适当减少酶液用量或进行稀释。试剂全部加入后混匀,将 1 号管置于暗处,其余各管均于 25 ℃、4 000 lx 日光灯下反应 20 min,各管受光情况要一致。

表 10-1 反应系统中各试剂用量

管号	试 剂					
	260 mmol/L Met(mL)	750 μmol/L NBT(mL)	100 μmol/L EDTA-Na$_2$(mL)	20 μmol/L 核黄素(mL)	酶液(μL)	蒸馏水(mL)
1	0.3	0.3	0.3	0.3	0	1.8
2	0.3	0.3	0.3	0.3	0	1.8
3	0.3	0.3	0.3	0.3	0	1.8
4	0.3	0.3	0.3	0.3	5	1.795
5	0.3	0.3	0.3	0.3	10	1.79
6	0.3	0.3	0.3	0.3	15	1.785
7	0.3	0.3	0.3	0.3	20	1.78
8	0.3	0.3	0.3	0.3	25	1.775

在 560 nm 波长下,以 1 号管调零,测定其余各管反应体系的吸光度。以 2、3 号对照管 OD_{560} 的平均值(A_1)为参比(NBT 被 100% 还原),分别按照式(10-3)计算不同酶液量抑制 NBT 光还原的相对百分率。

$$\text{NBT 光化还原的抑制率}(\%) = (1 - \frac{A_1 - A_2}{A_1}) \times 100 \qquad (10\text{-}3)$$

式中:A_1——对照管 OD_{560} 值;
A_2——加酶管 OD_{560} 值。

以酶液用量(μL)为横坐标,以 NBT 光化还原的抑制率(%)为纵坐标绘制二者相关曲线。从曲线查得 NBT 光化还原被抑制 50% 所需的酶液量(μL)作为一个酶活力单位(1U)。

按照式(10-4)计算 SOD 活性:

$$\text{SOD 活性}[U/(\min \cdot g)] = \frac{V \times 1\,000}{B \times W \times t} \qquad (10\text{-}4)$$

式中:V——酶提取液总量(mL);
B——一个酶活力单位的酶液量(μL);
W——样品鲜重(g);
t——反应时间(min)。

📢 **注意事项**

1. 通过预实验,确定反应的时间。
2. 各试管的光照条件要求一致,光照强度和时间要严格控制。所用试管要透明度好,质地规格均一。

3. 植物中的酚类物质对测定有干扰，制备粗酶液时可加入聚乙烯吡咯烷酮，尽可能除去酚类等次生物质。

4. 测定酶活性时加入的酶量以能抑制反应的 50% 为佳。

思考题

1. 提取液中的哪些物质可能会影响 SOD 活性测定的准确性？
2. 如何确定反应体系中酶液的加入量？
3. 为什么 SOD 酶活力不能直接测得？

第三节　脂肪氧化酶活性的测定

实验目的

学习测定植物组织中脂肪氧化酶活性的方法。

实验原理

脂肪氧化酶是一种含非血红素铁的蛋白质，特异性催化具有顺式 1,4-戊二烯结构的多元不饱和脂肪酸的加氧反应，使多元不饱和脂肪酸氧化生成具有共轭双键的过氧化氢物，该物在 234 nm 波长处有强吸收峰。

实验器材与实验试剂

1. 实验器材

大豆、目筛、电子天平、容量瓶、纱布。

2. 实验试剂

亚油酸(含量不低于 90%)、吐温 20、0.01 mol/L pH 7.0 的磷酸缓冲液、0.05~0.2 mol/L pH 9.0 硼砂缓冲液、1 mol/L 氢氧化钠溶液。

实验步骤

1. 大豆脂肪氧化酶液的制备

先将大豆进行破碎，去除种皮后磨成粉末并通过 60 目筛获得全脂大豆粉，用石油醚反复浸泡进行脱脂，使用真空干燥箱在室温下 1.3 kPa 真空干燥处理后获取脱脂大豆粉。称取 1 g 上述脱脂大豆粉加入 200 mL 的 0.01 mol/L pH 7.0 的磷酸缓冲液于烧杯中。室温下间断性缓慢搅拌浸泡 1 h，双层纱布过滤，滤液于 4 000 r/min 离心 15 min，上清液作为实验用酶液。

2. 底物的配制

将 0.25 mL 吐温 20 分散于 10 mL 0.05~0.2 mol/L pH 9.0 硼砂缓冲液中，摇动下逐滴加

入 0.27 mL 的亚油酸，使亚油酸以微细的乳状体分散于液体中。加入 1 mol/L 氢氧化钠溶液 1.0 mL，摇动使混合液成为清澈透明的溶液，用浓盐酸调 pH 至 9.0，然后用上述硼砂缓冲液定容到 500 mL。此溶液含亚油酸 1.12 mmol/L，吐温 20 含量为 0.5 μL/mL。

3. 脂肪氧化酶活性的测定

首先将酶液置于 25 ℃水浴中保温 30 min，然后吸取 0.2 mL 保温液移入预温到 20℃的 0.8 mL 底物中，混匀后于 25℃保温 4 min，用 2 mL 无水乙醇终止反应，加入 2 mL 蒸馏水混匀后于分光光度计在 234 nm 处用 1 cm 光程的石英比色皿测定吸光度。空白管则先加 2 mL 无水乙醇，其余操作同上。

4. 酶活力的计算

以 1 min 内 3 mL 反应体系在 234 nm 的吸光度增加 0.001 作为一个酶活力单位。将未加底物的吸光度定为 100%，添加底物后的酶活力用相对酶活力表示。

注意事项

测定时要控制好时间、温度、pH 等反应条件，并在酶测定过程中保持这些反应条件的恒定。

思考题

1. 在树木生长发育过程中，脂肪氧化酶的生理学意义是什么？
2. 与其他的脂肪氧化酶活性测定方法相比较，此法的优势是什么？

第四部分

树木逆境生理研究技术

第十一章　　树木的抗性生理

第一节　高低温胁迫对质膜透性的影响

实验目的

掌握用电导仪法测定植物质膜透性的原理及方法。

实验原理

植物细胞质膜对维持细胞的微环境和正常的代谢起着重要的作用。在正常情况下，细胞质膜对物质具有选择透性，植物细胞与外界环境之间发生的一切物质交换都必须经过质膜。当植物受到逆境胁迫时，质膜遭到破坏，膜透性增大，从而使细胞内的电解质外渗，以致植物细胞浸提液的电导率增大。膜透性增大的程度与逆境胁迫强度有关，也与植物抗逆性的强弱有关。因此质膜透性的测定常作为植物抗性研究的一个生理指标，可根据质膜透性大小判断植物遭受伤害的程度。

测定质膜透性最常用的方法是测定细胞外液的电导率变化。当植物处于逆境（高温、低温、干旱、盐渍、病害等）时，不良环境因素首先作用于质膜，使质膜受到损伤，膜透性增大。将受胁迫的植物组织浸入去离子水中，电解质外渗，水的电导率增大。因此可用电导仪通过测定细胞外液的电导率变化来测定质膜透性的变化。

实验器材与实验试剂

1. 实验器材

女贞、茶梅等植物的叶片，冰箱、人工气候箱、电导仪、电子天平、打孔器、烧杯、真空干燥器、真空泵、电炉、量筒等。

2. 实验试剂

去离子水。

实验步骤

①选取植株上相同部位的叶片，用纱布擦净后分别进行以下处理：

低温处理——将带叶枝条置于-18℃冰箱中冷冻 30 min。

高温处理——将带叶枝条置于 50℃的人工气候箱中处理 30 min。

常温处理——将带叶枝条插在水中，置于室温作为对照。

②分别取出处理材料,吸去表面水分后用打孔器打下叶圆片 20 枚,放在干净烧杯中,加去离子水 20 mL,使叶圆片浸于水中,勿使叶片叠在一起。

③将烧杯放入真空干燥箱中,用真空泵抽气 10 min(0.08 MPa),抽出细胞间隙的空气,然后缓缓放入空气,水渗入细胞间隙,叶片变成半透明状下沉。

④将烧杯取出于室温放置 0.5~1 h,其间注意多次摇动。

⑤用电导仪测定各组的初电导率(S_1)。

⑥将烧杯再放入 100 ℃沸水浴中处理 15 min。取出后冷却至室温,分别测定其终电导率(S_2)。同时,测定去离子水的电导率作为空白电导率(S_0)。相对电导率指与质膜完全通透(细胞被煮沸杀死)相比,质膜受破坏的程度(质膜相对透性)。根据式(11-1)可计算相对电导率:

$$相对电导率(\%) = (S_1 - S_0)/(S_2 - S_0) \times 100 \tag{11-1}$$

式中:S_0——空白电导率;

S_1——初电导率;

S_2——终电导率。

在室温(或正常生长温度)下,植物细胞也有少量电解质外渗,因而将其作为对照。与对照相比,质膜受破坏的程度通常以组织细胞的伤害度(电解质渗出率)来表示,按照式(11-2)计算伤害度。

$$伤害度(\%) = (L_t - L_{ck})/(1 - L_{ck}) \times 100 \tag{11-2}$$

式中:L_t——胁迫处理的相对电导率;

L_{ck}——对照的相对电导率。

📢 **注意事项**

1. 整个过程中,叶片接触的用具必须绝对洁净以免污染。
2. 使用电导仪时每测完一个样液后,应用蒸馏水清洗电极,再用滤纸擦干,然后进行下一个样液的测定。

思考题

1. 试比较不同处理的植物细胞透性的变化情况,并加以解释。
2. 在采用电导仪法测定质膜透性过程中,哪些因素会影响测定结果?实验中应注意哪些问题?
3. 质膜透性变化的大小与抗逆性的强弱有何关系?质膜透性变化与胁迫程度有何关系?

第二节 脯氨酸含量的测定

实验目的

了解脯氨酸与植物逆境、衰老的关系;掌握脯氨酸测定原理和常规测定方法。

实验原理

脯氨酸是植物体内主要渗透调节物质之一。在逆境条件下植物体内脯氨酸的含量显著增加。植物体内脯氨酸含量在一定程度上反映了植物的抗逆性的强弱。当用磺基水杨酸提取植物样品时，脯氨酸便游离于磺基水杨酸的溶液中。在酸性条件下，茚三酮和脯氨酸反应生成稳定的红色化合物，这个产物在520 nm波长下具有最大吸收峰。酸性氨基酸和重型氨基酸不能与酸性茚三酮反应；碱性氨基酸由于其含量甚微，特别是在受渗透胁迫处理的植物体内，脯氨酸大量积累，碱性氨基酸的影响可忽略不计。因此，此法可以避免其他氨基酸的干扰。

实验器材与实验试剂

1. 实验器材

经4 ℃低温处理24 h和未处理的杨树幼苗叶片、分光光度计、离心机、研钵、烧杯、容量瓶、大试管、普通试管、移液管、注射器、水浴锅、漏斗、漏斗架、滤纸、剪刀。

2. 实验试剂

冰乙酸、甲苯、3%磺基水杨酸、酸性茚三酮溶液。

①酸性茚三酮溶液　将1.25 g茚三酮溶于30 mL冰乙酸和20 mL 6 mol/L磷酸混合溶液中，搅拌加热(70 ℃)溶解，配制的酸性茚三酮溶液仅在24 h内稳定，因此最好现配现用。

②3%磺基水杨酸　3 g磺基水杨酸加蒸馏水溶解后定容至100 mL。

实验步骤

1. 绘制标准曲线

取标准溶液2、4、6、8、10 μg/mL各2 mL，加入2 mL 3%磺基水杨酸、2 mL冰乙酸和4 mL 2.5%茚三酮溶液，置沸水浴中显色60 min。冷却后，加入4 mL甲苯萃取红色物质。静置后，取甲苯相测定520 nm波长处的吸收值(以甲苯为空白对照)，依据脯氨酸量和相应吸收值绘制标准曲线。

2. 样品的测定

(1) 脯氨酸的提取

称取植物材料0.5 g用3%磺基水杨酸溶液研磨提取，磺基水杨酸的最终体积为5 mL。匀浆液转入玻璃离心管中，在沸水浴中浸提10 min。冷却后，3 000 r/min离心10 min。取上清液待测。

(2) 样品测定

取2 mL上清液，加入2 mL冰乙酸和2 mL酸性茚三酮试剂，在沸水浴中加热30 min，溶液即呈红色。冷却后加入4 mL甲苯，摇荡30 s，静置片刻，取上层液至10 mL离心管中，在3 000 r/min下离心5 min。用吸管轻轻吸取上层脯氨酸红色甲苯溶液于比色杯中，以甲苯为空白对照，在分光光度计上520 nm波长处比色，求得吸光度值。从标准曲线上查出2 mL测定液中脯氨酸的浓度(X)，然后计算样品中脯氨酸含量的百分数。计算公式如下：

$$\text{脯氨酸含量}(\%) = (X \times 5/2)/m \times 10^{-6} \times 100 \qquad (11-3)$$

式中：X——从标准曲线上查得的脯氨酸浓度（μg/mL）；

m——样品质量（g）。

📢 注意事项

1. 一般样品在胁迫 24 h 即表现出脯氨酸含量显著增加，处理时间越长，则效果越显著。所以取样量应当随处理时间延长而减少，以免样品吸光值会超出标准曲线。

2. 配置的酸性茚三酮溶液仅在 24 h 内稳定，因此必须现配现用；制作标准曲线的脯氨酸标准液也应当现配现用，不可将母液放置到 4 d 后使用。

思考题

1. 为何要测定植物组织内游离的脯氨酸？
2. 除本实验方法外，还有哪些方法可以提取脯氨酸，测定时应做哪些改变？

第三节　维生素 C 含量的测定

实验目的

学习测定维生素 C 的原理和方法，了解植物中维生素 C 的含量，熟练掌握微量滴定法的操作技术。

实验原理

维生素 C 又名抗坏血酸，其分子中存在烯醇式结构（—COH ═ COH—），因而具有很强的还原性。其酸性也来自烯醇羟基，具有可逆的脱氢作用，即可形成氧化态维生素 C。还原态维生素 C 可将染料 2,6-二氯苯酚吲哚酚还原为无色的化合物。该染料又有指示剂的性质，在碱性溶液中呈蓝色，在酸性溶液中呈红色。因此利用该染料滴定还原态维生素 C 时，还原态维生素 C 可将染料还原成无色化合物，同时自身氧化为脱氢抗坏血酸。根据染料消耗量，即可求出维生素 C 的含量。

实验器材与实验试剂

1. 实验器材

新鲜蔬菜或水果、天平、滤纸、容量瓶、漏斗、三角瓶、研钵、吸管、微量滴定管连架、量筒、电炉或烘箱、坩埚。

2. 实验试剂

维生素 C、1% 可溶性淀粉、1% 盐酸、2% 偏磷酸、10% 硫酸铜、染料、0.001 mol/L 碘酸钾。

①染料　用分析天平在表面皿上称取 60 mg 2,6-二氯苯酚吲哚酚，倒入 200 mL 的烧杯，

加入100 mL温蒸馏水和4~5滴0.01 mol/L的$NaHCO_3$，用力混匀10 min，冷却后倒入200 mL容量瓶定容，并再次混匀，然后用定性滤纸将过滤至干燥的试剂瓶中。染料在常温下可存放3 d，冰箱中可存放8 d，在使用当天要检查滴定度。

② 0.001 mol/L 碘酸钾　称取0.356 8 g在102℃下烘干的碘酸钾溶于蒸馏水中，定容至1 L，将制得的溶液稀释10倍使用。

实验步骤

①用陶瓷刀将20 g果肉在玻璃板上切碎。然后倒入盛有20 mL 1%盐酸溶液的研钵里，在10 min内快速研成匀浆。匀浆通过漏斗倒入100 mL容量瓶中，用2%的偏磷酸溶液冲洗几次研钵，也倒入容量瓶中，并用偏磷酸溶液加至刻度线，放置5~8 min，塞紧瓶塞，随后用力摇动数次，然后将量瓶中的内容物进行过滤。如果汁液有色则在滤纸上放置少许活性炭，过滤时便可去色，滤液装入三角瓶中留作滴定用。

②用5 mL吸管准确吸取滤液10 mL于三角瓶中，用微量滴定管以0.001 mol/L 2,6-二氯苯酚吲哚酚溶液滴定，直至鲜明的粉红色在0.5~1 min内不褪色即为终点。重复一次，记下两次滴定量，取平均值记为A。

③空白滴定时，首先要消除提取液中其他具有还原能力的物质，如谷胱甘肽，否则结果偏高。吸取10 mL提取液，加入3~4滴10%的硫酸铜，再加10 mL蒸馏水，在110℃下加热10 min(在甘油浴或恒温箱中)，冷却后用染料滴定，重复一次，记下两次滴定量，求平均值记为B。由于铜离子存在导致维生素C被破坏，使提取液中其他具有还原能力的物质与染料反应。此为空白滴定。从试液的滴定值A中减去B所得到的校正值，即是滴定维生素C的真正值。

④计算植物材料中维生素C含量。

植物材料中维生素C含量用100 mL鲜重果肉中所含维生素C的毫克数来表示：

$$维生素 C = \frac{(A-B)C \times F}{D \times E} \tag{11-4}$$

式中：A——滴定时所耗染料体积(mL)；

B——空白滴定时所耗染料体积(mL)；

C——组织提取液总体积(mL)；

D——滴定时所取组织提取液的体积(mL)；

E——样品质量(g)；

F——以维生素C为标准的染料毫克滴定度，即一毫升染料相当维生素C的毫克数。

注意事项

1. 某些水果、蔬菜(如橘子、番茄)的果肉中浆状物泡沫太多，可加数滴丁醇或辛醇减少泡沫。

2. 整个操作过程要迅速，防止还原态维生素C被氧化。滴定过程一般不超过2 min。因为在本滴定条件下，一些非维生素C的还原性物质也可与2,6-二氯苯酚吲哚酚发生反应，影响结果。

3. 滴定所用2,6-二氯苯酚吲哚酚的量应在1~4 mL，超出或低于此范围，应增减样品液用量或改变提取液稀释度。

4. 2%草酸有抑制抗坏血酸氧化酶的作用，而1%草酸无此作用。

思考题

1. 为了保证维生素C含量测定的准确性，测定时应注意些什么？
2. 维生素C受热易分解，实验操作过程中如何避免此类反应的发生？

第五部分

树木分子生物学研究技术

第十二章　树木组织中核酸的提取与检测

第一节　DNA 的提取与测定

实验目的

1. 理解植物 DNA 提取的原理。
2. 掌握从植物中提取 DNA 的方法。

实验原理

植物组织中绝大部分是核 DNA，它和组蛋白、非组蛋白结合在一起，以核蛋白（即染色质或染色体）的形式存在于细胞核内。十六烷基三甲基溴化铵（hexadecyl trimethyl ammonium bromide，简称 CTAB）是一种阳离子去污剂，可溶解细胞膜，与核酸形成复合物，在高盐溶液（0.7 mol/L 氯化钠）中是可溶的，当降低溶液的盐浓度到一定程度（0.3 mol/L 氯化钠）时从溶液中析出，因而，通过离心就可将 CTAB 与核酸的复合物同蛋白、多糖类物质分开，然后再将 CTAB 与核酸的复合物溶解于高盐溶液中。CTAB 能溶解于乙醇中，因此，加入乙醇使核酸沉淀，从而分离提纯 DNA。

实验器材与实验试剂

1. 实验器材

水稻幼苗或叶子、研钵、研棒、紫外分光光度计、离心管、水溶锅、通风橱、移液器。

2. 实验试剂

氯仿-戊醇-乙醇溶液（氯仿∶戊醇∶乙醇＝80∶4∶16）、10 mg/mL RNase A、液氮、异丙醇、乙酸钠、CTAB 提取缓冲液、TE 缓冲液。

①CTAB 提取缓冲液　10 g CTAB、3.722 5 g EDTA-$Na_2 \cdot H_2O$、6.075 g Tris、10 g PVP、40.95 g 氯化钠使用双蒸水（ddH_2O）溶解，并定容至 500 mL 灭菌。

②TE 缓冲液　5 mL 1 mol/L Tris-HCl（pH 8.0）、1 mL 0.5 mol/L EDTA（pH 8.0），加 ddH_2O 溶解，定容至 500 mL，分装后灭菌。

实验步骤

①在 50 mL 离心管中加入 20 mL 提取缓冲液，60℃水浴预热。

②水稻幼苗或叶子 10 g，剪碎，在研钵中加液氮磨成粉状后立即倒入预热的离心管中，

剧烈振荡混匀,60℃水浴保温60 min,不时摇动。

③通风橱中加入20 mL 氯仿-戊醇-乙醇溶液,颠倒混匀,室温下静置5~10 min,使水相和有机相分层。

④室温下5 000 r/min 离心5 min。

⑤仔细移取上清液至另一50 mL 离心管中,加入1倍体积异丙醇,混匀,室温下放置片刻即出现絮状DNA沉淀。

⑥5 000 r/min 离心5 min,弃上层清液,留沉淀,在1.5 mL 离心管中加入1 mL TE 缓冲液,60 ℃水浴溶解。

⑦将DNA溶液3 000 r/min 离心5 min,上清液移入干净的5 mL 离心管。

⑧加入5 μL 10 μg/μL RNase A,37℃水浴10 min。

⑨加入1/10体积的3 mol/L 乙酸钠及2倍体积的预冷的乙醇,混匀,-20℃放置20 min左右,使DNA形成絮状沉淀。

⑩5 000 r/min 离心后弃上层清液,70%乙醇漂洗,倒掉乙醇,风干30 min。

⑪将DNA重新溶解于1 mL TE 缓冲液中,-20℃贮存。

⑫取2 μL DNA样品在0.7%琼脂糖凝胶上电泳,检测DNA的分子大小。同时取15 μL稀释20倍,测定OD_{260}/OD_{280},检测DNA含量及质量。

注意事项

1. 不同的植物材料提取的方法略有差异,主要体现在提取缓冲液的成分上,如李、苹果的植物的染色体DNA提取所用的提取缓冲液为:18.6 g 葡萄糖、6.9 g 二乙基二硫代碳酸钠、6.0 g PVP、240 μL 巯基乙醇,加水至300 mL。

2. DNA或RNA的OD_{260}/OD_{280}一般为1.8~2.0。当OD_{260}/OD_{280}>2.0时,表明有RNA污染;当OD_{260}/OD_{280}<1.8时,表明可能有蛋白质、酚等污染。

思考题

1. 核酸分离时如何去除小分子物质和脂类物质?
2. 为什么上清液中加入2倍体积乙醇能够沉淀DNA?DNA沉淀为什么能够溶于水?

第二节 RNA的提取与测定

实验目的

1. 学习植物总RNA的提取方法。
2. 掌握RNA提取原理、方法和RNA质量检测技术。

实验原理

真核生物的基因中有许多内含子,需要通过RNA的拼接加工,才能成为成熟的mRNA。

因此从真核生物中提取的 mRNA，经反转录合成 cDNA，进而克隆基因已成为分子生物学最重要的方法之一。通常一个典型哺乳动物细胞约含 10^{-5} μg RNA，但其中大部分为 rRNA（28S，18S 及 5S）和各种低分子质量的 RNA(tRNA，snRNA 等)，只有 1%~5%为 mRNA。这些 mRNA 的大小和序列不一，但其 3′端均有一个 poly(A)的结构，它编码了所有细胞生命活动所需的多肽。

mRNA 的分子结构容易被 RNA 酶降解，而且 RNA 酶极为稳定又广泛存在，因此，在提取过程中应严格防止 RNA 酶的污染并设法抑制其活性，这是实验成败的关键。人的皮肤、试剂、容器等均可被污染，因此全部实验过程均需佩戴手套操作并经常更换。所用的玻璃器皿需置于干燥烘箱中 200℃烘烤 2 h 以上。凡是不能用高温烘烤的材料，如塑料容器等，可用 0.1%的焦碳酸二乙酯(DEPC)水溶液处理，再用蒸馏水冲净。为了避免 mRNA 或 cDNA 吸附在玻璃或塑料器皿管壁上，所有器皿一律需经硅烷化处理。

目前常用的 RNA 酶抑制剂有：

①DEPC　强烈但不彻底的 RNA 酶抑制剂。它能与胺、巯基反应，因而含 Tris 溶液和 DTT 的试剂不能用 DEPC 处理。

②异硫氰酸胍(Guanidinium isothiocyanate)　目前一种最有效的 RNA 酶抑制剂。它不但可以败坏细胞结构、使核酸从核蛋白质中解离，也可使 RNA 酶失活。因此在制备 RNA 时，缓冲液中常含有异硫氰酸胍。

③其他　钒氧核苷酸复合物(vanadyl-ribonucloside complex)、RNA 酶蛋白抑制(RNasin)SDS、尿素等。

提取细胞内 mRNA 的方法很多，如异硫氰酸胍热苯酚法、酚/SDS 法等。如今 mRNA 提取试剂盒已广泛生产并大量应用，该产品可快速有效地提取到高质量的 mRNA。

实验器材与试剂

1. 实验器材

山核桃、大叶黄杨等植物的叶片，凝胶成像分析系统、研钵、研棒、紫外分光光度计。

2. 实验试剂

（1）酚/SDS 法

氯仿、2 mol/L 氯化锂、3 mol/L 氯化钠、无水乙醇、3 mol/L 乙酸钠、匀浆缓冲液、TLE。

①匀浆缓冲液　0.18 mol/L Tris、0.09 mol/L 氯化锂、4.5 mmol/L EDTA、1% SDS，pH 8.2。

②TLE　0.2 mol/L Tris、0.1 mol/L 氯化锂、5 mmol/L EDTA，pH 8.2。

（2）CTAB 法

25∶24∶1 饱和酚(pH 7.8)、10 mol/L 氯化锂、25∶24∶1 饱和酚(pH 4.0)、CTAB 裂解液、SSTE。

①CTAB 裂解液　20 mL 10% CTAB、20 mL 10% PVP、10 mL 1 mol/L pH 8.0 Tris-HCl、4.167 mL 0.6 mol/L EDTA、40 mL 5 mol/L 氯化钠、1.25 mL 4% Spermidine。

②SSTE　20 mL 5 mol/L 氯化钠、10 mL 5% SDS、1 mL 1 mol/L pH 8.0 Tris-HCl、0.167 mL

0.6 mol/L pH 8.0 EDTA。

（3）Trizol 法

75%乙醇、Trizol、异丙醇、氯仿。

实验步骤

（一）酚/SDS 法

①植物组织在液氮中磨成粉末，转入含 150 mL 匀浆缓冲液和 50 mL 经 TLE 平衡的酚的 500 mL 烧杯中。

②混匀 2 min，加 50 mL 氯仿，温和混匀后，50℃水浴 20 min。

③4℃下 10 000 r/min 离心 20 min。取水相部分加 50 mL 经 TLE 平衡的酚，混匀后加 50 mL 氯仿，混匀。

④4℃下 10 000 r/min 离心 15 min，取水相部分加经 TLE 平衡的酚抽提直至无界面(一般 3 次)，水相部分氯仿抽提一次。

⑤水相部分加氯化锂至 2 mol/L，4℃下沉淀过夜。

⑥4℃下 10 000 r/min 离心 20 min，弃上清液，沉淀部分用 2 mol/L 氯化锂冲洗。

⑦用 5 mL 水溶解，加氯化锂至 2 mol/L，4℃下沉淀 2 h 以上。

⑧4℃下 10 000 r/min 离心 20 min，弃上清液，沉淀部分用 2 mol/L 氯化锂冲洗。

⑨用 2 mL 水溶解，加 200 μL 3 mol/L 乙酸钠和 5.5 mL 无水乙醇，-20℃下沉淀过夜。

⑩4℃下 10 000 r/min 离心 15 min，弃上清液，沉淀部分用 1 mL DEPC 水溶解。

（二）CTAB 法

①向无菌离心管加 15 mL CTAB 裂解液，65℃水浴预热 15 min。

②从冰箱中取出材料 4 g，加到液氮预冷的研钵中研磨，研磨后加入装有 CTAB 裂解液的无菌离心管，混匀，65℃处理 15 min。

③4℃下 10 000 r/min，离心 5 min 后取上清液，加入等体积 25∶24∶1 饱和酚(pH 7.8)，混匀，室温放置 5 min 后 10 000 r/min，离心 5 min 后取上清液。

④加入等体积 24∶1 的氯仿∶异戊醇混匀，室温放置 5 min 后，10 000 r/min 离心 5 min，取上清液。

⑤重复步骤④一次，如不纯，则再重复一次。

⑥取上清液，加入 1/4 体积 10 mol/L 氯化锂混匀，4℃下沉淀过夜。

⑦4℃下 10 000 r/min 离心 20 min，弃上清液。

⑧加入 2 mL SSTE 溶解(或 0.5% SDS)。

⑨用 25∶24∶1 饱和酚(pH 4.0)抽提一次至无杂质为止。

⑩取上清液分装，加 2 倍体积乙醇，-20℃下沉淀过夜。

⑪4℃下 10 000 r/min 20 min 离心，去上清液，沉淀部分用 75%乙醇洗一次。

⑫沉淀干燥，用 DEPC 水溶解。

(三) Trizol 法

①将组织在液氮中磨成粉末后，取 100 mg 加入 1 mL 的 Trizol 液研磨，注意样品总体积不能超过所用 Trizol 体积的 2 倍。

②研磨液室温下放置 5 min，然后在通风橱以每 1 mL Trizol 液加 0.2 mL 的比例加入氯仿，盖紧离心管，用手剧烈振荡离心管 15 s。

③取上层水相于一新的离心管，按每 1 mL Trizol 液加 0.5 mL 的比例加入异丙醇，室温放置 10 min，4℃下 12 000 r/min 离心 10 min。

④弃上清液，按每 1 mL Trizol 液加入至少 1 mL 的比例加入 75%乙醇，涡旋混匀，4℃下 7 500 r/min 离心 5 min。

⑤小心弃去上清液，然后室温或真空干燥 10 min(注意不要干燥过度，否则会降低 RNA 的溶解度)，然后用 DEPC 水溶解。

注意事项

1. 氯仿、异丙醇、乙醇都应用未开封的，75%乙醇用移液枪配制，勿用量筒等中间器皿。
2. 整个过程要及时更换手套，戴双层口罩。
3. RNA 一定要贮存到-70℃冰箱，在-20℃保存时间很短。
4. 所有溶液需用灭菌后的 DEPC 水配制。
5. RNase 的又一污染源是移液器。根据移液器制造商的要求对移液器进行处理。一般情况下采用 DEPC 配制的 70%乙醇擦洗移液器的内部和外部，即可基本达到要求。
6. 实验中涉及加有机溶剂的步骤应在通风橱内操作。

思考题

1. 如何判断提取的总 RNA 质量？
2. 总 RNA 提取过程中如何避免多糖、多酚或者蛋白质的污染？

第三节 核酸的凝胶电泳

(一) DNA 的凝胶电泳

实验目的

学习 DNA 琼脂糖凝胶电泳的基本原理，掌握琼脂糖凝胶电泳的使用技术。

实验原理

DNA 的凝胶电泳是基因工程中最基本的技术，DNA 制备及浓度测定、目的 DNA 片段的分离、重组子的酶切鉴定等均需要电泳完成。琼脂糖是从海藻中提取出来的一种线状高聚物，可作为电泳支持物，适用于分离大小在 0.2~50 kb 的 DNA 片段。DNA 分子的迁移率与分子质量的对数值成反比。观察其迁移距离，与标准 DNA 片段进行对照，就可获知该样品分子质量大小。可通过琼脂糖凝胶电泳上显示的 DNA 条带来分析 DNA 的完整性和浓度。EB 作为一种荧光染料，能插入 DNA 的碱基对平面之间而结合于其上，在紫外光的激发下产生荧光反应，因此，DNA 分子上 EB 的量与 DNA 分子的长度和数量成正比。在电泳时加入已知浓度的 DNA Marker 作为 DNA 分子质量及浓度的参考，样品 DNA 的荧光强度就可以大致表示 DNA 量的多少。

实验器材与实验试剂

1. 实验器材

山核桃、大叶黄杨等植物叶片提取的 DNA，电泳仪、三角瓶、天平、移液枪、紫外灯、相机、微波炉、凝胶成像分析系统。

2. 实验试剂

①5×TBE 缓冲液　54 g Tris，27.5 g 硼酸，加入 20 mL 的 0.5 mol/L pH 8.0 EDTA，定容至 1 000 mL。

②6×上样缓冲液　0.25%溴酚蓝，40%蔗糖水溶液。

③溴化乙锭(EB)溶液母液　将 EB 配制成 10 mg/L，用铝箔或黑纸包裹容器，储于温室即可。

④DNA 标准分子质量。

实验步骤

1. 稀释缓冲液的制备

用蒸馏水将 5×TBE 缓冲液配制成 0.5×TBE 稀释缓冲液。

2. 胶液的制备

称取 0.4 g 琼脂糖，置于 200 mL 三角瓶中，加入 50 mL 的 0.5×TBE 稀释缓冲液，放入微波炉或电炉加热至琼脂糖全部熔化，取出混匀。

3. 胶板的制备

在冷却至 50~60 ℃的琼脂糖胶液中加入 EB 溶液至终浓度为 0.5 μg/mL。小心地倒入制胶槽中至一定高度，插上样品梳子。待胶液完全凝固后拔出梳子。将琼脂糖凝胶置于电泳槽内，然后向槽内加 0.5×TBE 稀释缓冲液至液面刚好没过胶板表面。

4. 加样

取 5 μL 样品加 1 μL 的 6×上样缓冲液，用移液枪混匀，小心加到上样孔中。同时加 DNA 分子质量标准对照。

5. 电泳

从负极到正极，60~80 V，电流 40 mA 以上。当溴酚蓝条带移动至距凝胶前沿约 2 cm 时，停止电泳。

6. 观察和拍照

在波长为 254 nm 的紫外灯下，观察 DNA 电泳带并估计其分子质量大小。同时可用加红色滤光片和近摄镜片的相机拍照(光圈 5.6 下曝光 10~120 s)。

📢 注意事项

1. 染料溴化乙锭(EB)是强诱变剂,实验时应设置 EB 污染区,实验区域与 EB 污染区严格分开,在 EB 污染区操作时需及时更换手套。
2. 紫外线致癌,凝胶观察时应注意身体尽量少接触。
3. 用微量移液器或吸管将 DNA 样品加入凝胶孔中,然后轻轻敲击孔板以使样品沉入凝胶,避免空隙的出现。
4. 根据实验需要设置适当的电流或电压,保持恒定,并确保电泳时间适当,以免样品移出凝胶。

🚩 思考题

1. 如何通过分析电泳图谱评判基因组 DNA、质粒 DNA 等提取物的质量?
2. 琼脂糖凝胶电泳中 DNA 分子迁移率受哪些因素的影响?
3. 如果样品电泳后很久都没有跑出点样孔,你认为有哪几方面的原因?

(二) RNA 的凝胶电泳

🔍 实验目的

学习 RNA 琼脂糖凝胶电泳的基本原理,掌握使用水平式电泳仪的方法。

💼 实验原理

RNA 分子有很多二级结构,须经变性剂处理,以破坏 RNA 中的二级结构。然后,用琼脂糖凝胶电泳分级分离不同大小的 mRNA 分子。常用的 RNA 琼脂糖凝胶电泳方法有三种:甲醛变性电泳、羟甲基汞琼变性电泳和乙二醛变性电泳。下面对前两种方法做介绍。

📈 实验器材与试剂

1. 实验器材

山核桃、大叶黄杨等植物的 RNA,水浴锅、电泳仪、微波炉、紫外灯、凝胶成像分析系统。

2. 实验试剂

琼脂糖、DEPC 水、10×MOPS 电泳缓冲液、5×甲醛上样缓冲液。

①DEPC 水　用量筒量取去离子水 2 L,在通风橱中,加入 2 mL DEPC 到 2 L 去离子水中,得到终浓度为 0.1% 的 DEPC。迅速盖上盖子,混匀,然后放在摇床中中速摇荡至少 4 h,再高压灭菌。

②10×MOPS 电泳缓冲液　先用 400 mL DEPC 水溶解 20.9 g MOPS 和 4.1 g NaAC,加入

10.0 mL 0.5 mol/L EDTA(pH8.0)，用水定容至 0.5 L。用 0.22 mm 滤器过滤除菌，装入棕色瓶中，室温避光保存(以上药品和水均需用 DEPC 处理)。

③5×甲醛上样缓冲液　将 4 mL 10×MOPS 缓冲液、3.1 mL 甲酰胺、2 mL 100%甘油、720 μL 37%甲醛、80 μL 0.5 mol/L EDTA(pH8.0)、16 μL 水饱和的嗅酚蓝，混匀，分装，−20℃保存(以上药品和水均需用 DEPC 处理)。

实验步骤

①胶的制备　1.5 g 琼脂糖加 130 mL DEPC 水，加热熔化。冷却至 60℃时加 15 mL 的 10×MOPS 电泳缓冲液(终浓度为 1×)和 5 mL 甲醛(琼脂糖终浓度为 1%)。然后灌制凝胶，插入合适长度和宽度的梳子，于室温放置 30 min 以上使凝胶凝固。

②样品制备　RNA 样品处理一般取 0.3 g 的总 RNA，加入 1/5 体积的 5×甲醛上样缓冲液，65℃加热 5 min，冰上骤冷，以消除 RNA 的二级结构。建议上样前在 RNA 样品中加入 1.0 uL 的溴化乙锭(EB，浓度 1.0 mg/mL)，而不在胶中加 EB，这样电泳后的背景较低。配好的甲醛变性胶先在 1×甲醛变性胶电泳缓冲液中预电泳 15 min。RNA 样品在 5～10 V/cm 的电压下电泳 30 min。

③加 2 mL 甲醛凝胶加样缓冲液。

④加样和电泳　将凝胶预电泳 15 min，电压降为 5～10 V/cm。随后加样品和标准物，以 3～4 V/cm 电压电泳，电泳液为 1×MOPS 电泳缓冲液。直至溴酚蓝迁移至胶下游的 3/4 处。

⑤电泳结束后，在紫外灯下，仔细测量 28SrRNA 和 18SrRNA 至加样孔的距离，并同荧光尺一起拍照，以记录标准物的位置。

注意事项

1. RNA 大于 1 kb 时选用 1%琼脂糖；RNA 小于 1 kb 时选用 1.4%琼脂糖。
2. 28SrRNA 分子质量为 6 333，18rRNA 分子质量为 2 366。

RNA 羟甲基汞变性电泳

实验器材与试剂

1. 实验器材

山核桃、大叶黄杨等植物 RNA，水浴锅、电泳仪、微波炉、凝胶成像分析系统。

2. 实验试剂

10 mg/mL 溴化乙锭、10 mol/L 乙酸铵、琼脂糖、羟基甲汞、1×羟甲基汞琼脂糖凝胶电泳缓冲液、2×羟甲基汞凝胶上样缓冲液。

①1×羟甲基汞琼脂糖凝胶电泳缓冲液　50 mmol/L 硼酸、5 mmol/L 一水四硼酸钠、10 mmol/L pH 8.1 硫酸钠。

②2×羟甲基汞凝胶上样缓冲液　25 μL 1 mol/L 羟甲基汞、500 μL 4×羟甲基汞凝胶电泳缓冲液、200 μL 甘油、2 μg 溴酚蓝、75 μL H_2O_2。

实验步骤

①将 1%(RNA>1 kb)或 1.4%(RNA<1 kb)的琼脂糖溶于 1×羟甲基汞琼脂糖凝胶电泳缓

冲液中，待溶液冷却至55℃时加入羟甲基汞至终浓度为 5 mmol/L，然后灌制凝胶，插入合适长度和宽度的梳子，于室温放置 30 min 以上使凝胶凝固。

②将 RNA 溶液与 2×凝胶上样缓冲液等体积混合（每个 0.6 cm 标准样品槽可加 10 μg RNA），在 5~6 V/cm 下电泳 12~16 h。

③电泳结束后，RNA 可在含 0.5 μg/mL EB 的 0.1 mol/L 乙酸铵溶液中染色 45 min，然后在紫外灯下检查。

注意事项

1. 羟甲基汞应加在凝胶中，羟甲基汞不带电荷，在电泳过程中不会迁移，但当凝胶被缓冲液浸没时，它会扩散出来，因此电泳前需调节缓冲液面高度，使凝胶底部与液面接触。上完样，待样品电泳进入凝胶后，用保鲜膜盖住凝胶，防止挥发。
2. pH<7.0 时，羟甲基汞与 RNA 解离从而无法起作用，所以电泳缓冲液需调至 pH 8.1。
3. 羟甲基汞能与丙烯酰胺游离基团反应，故不能用聚丙烯酰胺凝胶电泳。
4. 不能用含氮碱、EDTA 或 Cl^- 的缓冲液，因为它们能与羟甲基汞形成络合物。
5. 羟甲基汞剧毒，应小心操作。

思考题

如何通过琼脂糖凝胶电泳判断 RNA 提取物的质量？

第四节 mRNA 纯化

实验目的

1. 了解分离 mRNA 的原理；
2. 学习和掌握 mRNA 的分离、纯化方法和技术。

实验原理

植物细胞中的 RNA 包括 rRNA、tRNA 和 mRNA。rRNA 是含量最丰富的，占植物总 RNA 量的 70%。tRNA 在细胞中的含量也比较丰富，占 15%。mRNA 的含量较低，其大小、序列各异，长度从几百 bp 到几千 bp 不等，是基因转录、加工后的产物，反映了植物组织在某一时间点上的基因转录情况。真核生物的所有蛋白质归根到底都是 mRNA 的翻译产物，因此，高质量 mRNA 的分离纯化是克隆基因、提高 cDNA 文库构建效率的决定性因素。

植物细胞中 mRNA 有特征性的结构，即具有 5′端帽子结构（m7G）和 3′端的 poly(A) 尾巴，这种结构为植物 mRNA 分子的提取、纯化，提供了极为方便的选择性标志，寡聚(dT)纤维素或寡聚(U)琼脂糖亲和层析分离纯化 mRNA 的理论基础就在于此。一般 mRNA 分离纯化的原理就是根据 mRNA 3′末端含有 poly(A)尾巴结构特性设计的。当总 RNA 流经寡聚

(dT)[即 oligo(dT)]纤维素柱时，在高盐缓冲液作用下，mRNA 被特异地吸附在 oligo(dT)纤维素柱上，在低盐浓度或蒸馏水中，mRNA 可被洗下，经过两次 oligo(dT)纤维素柱，即可得到较纯的 mRNA。

实验器材与实验试剂

1. 实验器材

山核桃、雷竹、大叶黄杨等植物叶片中提取的 RNA、水浴锅或加热块(heating block)、灭菌的无 RNase 1.5 mL 塑料离心管、灭菌的无 RNase 枪头、小型离心机、紫外分光光度计。

2. 实验试剂

0.1 mol/L 氢氧化钠、1 mmol/L EDTA、OEB、OW2、OBB、DEPC 水、Oligotex 悬浮液。

实验步骤

使用 Oligotex mRNA Spin-Column，具体操作步骤如下：

①取质量小于 250 μg 的 RNA 移入 1.5 mL 离心管中，加入 DEPC 水至总体积为 250 μL，混匀。

②加入 250 μL 的缓冲液 OBB 和 15 μL 的 Oligotex 悬浮液，混匀。

③样品 70℃水浴 3 min，以破坏 RNA 的二级结构。

④把样品放在室温下静置 10 min，使 Oligotex 颗粒上 oligo(dT)和 RNA 的 poly(A)尾巴充分杂交。

⑤4℃下 12 000 r/min，离心 2 min，使 Oligotex：mRNA 复合体沉淀下来，小心地移去上清液，离心管中留有约 50 μL 的上清液以防止 Oligotex 树脂的流失。

⑥加入 400 μL 的缓冲液 OW2，涡旋或用枪头悬浮 Oligotex：mRNA，并把悬浮液移入一带 1.5 mL 离心管的悬转柱中，4℃下 12 000 r/min 离心 1 min。

⑦把悬转柱移到另一 1.5 mL 离心管中，柱中央加入 400 μL 的缓冲液 OW2，4℃下 12 000 r/min 离心 1 min，弃去过滤液。

⑧把悬转柱移到另一 1.5 mL 离心管中，放置 70℃的水浴锅中，往柱中加入 50 μL 的热(70℃)缓冲液 OEB，用枪头吸打 3~4 次悬浮树脂，4℃下 12 000 r/min 离心 1 min。

⑨把悬转柱连同离心管重新放在 70℃的水浴锅中，再次加入 50 μL 的热(70℃)缓冲液 OEB，用枪头吸打 3~4 次，重新悬浮树脂，4℃下 12 000 r/min 离心 1 min，得到 100 μL 的 mRNA 液。

⑩比色杯用 0.1 mol/L 氢氧化钠浸泡 30 min，依次用 1 mmol/L EDTA 的 DEPC 水清洗。对照用 50 μL OEB，测定 OD 值。

⑪真空干燥，加无 RNase 水 3 μL 溶解，所得 mRNA 可放在-70℃环境下保存 2~3 年。

注意事项

1. 整个操作过程必须严格遵守无 RNase 操作环境，且注意操作中的低温要求。

2. 用于纯化的总 RNA 样品须尽量保持 RNA 完整，不能被降解，这是获得完整 mRNA 质量的前提条件。

3. 应注意 mRNA 不能被 DNA 污染，否则严重影响实验结果。

思考题

1. mRNA 制备后，怎么检测其完整性或有无 DNA 污染？
2. 为防止 mRNA 降解可采用什么措施？并说明原因。

参考文献

蔡冲, 2013. 植物生物学实验[M]. 北京: 北京师范大学出版社.
苍晶, 赵会杰, 2013. 植物生理学实验教程[M]. 北京: 高等教育出版社.
黄立华, 2017. 分子生物学实验技术[M]. 北京: 科学出版社.
蒋德安, 2011. 植物生理学[M]. 北京: 高等教育出版社.
李玲, 2021. 植物生理学实验指导[M]. 北京: 高等教育出版社.
饶力群, 2013. 植物分子生物学实验指导[M]. 北京: 化学工业出版社.
王三根, 2018. 植物生理生化[M]. 3版. 北京: 中国农业出版社.
王小菁, 2019. 植物生理学[M]. 8版. 北京: 高等教育出版社.
王学奎, 2006. 植物生理生化实验原理和技术[M]. 北京: 高等教育出版社.
朱诚, 2011. 植物生物学[M]. 北京: 北京师范大学出版社.
宗学凤, 王三根, 2021. 植物生理研究技术[M]. 2版. 重庆: 西南师范大学出版社.
左开井, 潘琪芳, 连红莉, 等, 2021. 植物分子生物学实验手册[M]. 上海: 上海交通大学出版社.
LINCOLN TAIZ, EDUARDO ZEIGER, 2018. 植物生理学[M]. 宋纯鹏, 王学路, 周云, 等译. 北京: 科学出版社.

附录1　实验室安全守则

1. 实验时自觉遵守实验室纪律，保持室内安静，不大声说笑和喧哗。
2. 实验台面、称量台、药品架、水池以及各种实验仪器都必须保持清洁整齐，药品称完后立即盖好瓶盖放回药品架，严禁瓶盖及药勺混用，切勿使药品洒落在天平和实验台面上，各种器皿不得丢弃在水池内。
3. 配置试剂和用去离子水要注意节省，多余的重要试剂和各种有机试剂要按教师要求进行回收。
4. 配制的试剂和实验过程中的样品，尤其是保存在冰箱和冷室中的样品，必须贴上标签，写上品名、浓度、姓名和日期等，放在冰箱中的易挥发溶液和酸性溶液，必须严密封口。
5. 配制和使用洗液必须极为小心，强酸强碱和有毒有害试剂必须倒入废液缸。
6. 使用贵重精密仪器应严格遵守操作规程，仪器发生故障应立即报告老师，未经许可不得自己随意检修。
7. 实验完毕必须及时洗净并放好各种玻璃仪器，保持实验台面和实验柜内的整洁。
8. 实验室内严禁吸烟、饮水和进食。
9. 易燃液体不得接近明火和电炉，凡产生烟雾、有害气体和不良气味的实验，均应在通风条件下进行。
10. 每位学生要熟悉实验室内电闸的位置，烘箱和电炉用毕必须立即断电，不得过夜使用，要严格遵守实验室安全用电规则和其他安全规则。
11. 每日实验完毕，值日生要认真做好实验室的卫生值日工作。最后离开实验室的实验人员，必须检查并锁门、关窗、关水、关气和关闭除冰箱、培养箱之外的仪器设备电源。

附录2　常用缓冲溶液的配制

一、磷酸氢二钠-柠檬酸缓冲液

Na_2HPO_4 相对分子质量为 141.98，0.2 mol/L 溶液为 28.40 g/L；$Na_2HPO_4 \cdot 2H_2O$ 相对分子质量为 178.05，0.2 mol/L 溶液为 35.61 g/L；$Na_2HPO_4 \cdot 12H_2O$ 相对分子质量为 358.22，0.2 mol/L 溶液为 71.64 g/L；柠檬酸 $C_6H_8O_7 \cdot H_2O$ 相对分子质量为 120.14，0.1 mol/L 溶液为 21.01 g/L。

pH	0.2 mol/L Na_2HPO_4(mL)	0.1 mol/L 柠檬酸(mL)	pH	0.2 mol/L Na_2HPO_4(mL)	0.1 mol/L 柠檬酸(mL)
2.2	0.40	19.60	5.2	10.72	9.28
2.4	1.24	18.76	5.4	11.15	8.85
2.6	2.18	17.82	5.6	11.60	8.40
2.8	3.17	16.83	5.8	12.09	7.91
3.0	4.11	15.89	6.0	12.63	7.37
3.2	4.94	15.06	6.2	13.22	6.78
3.4	5.70	14.30	6.4	13.85	6.15
3.6	6.44	13.56	6.6	14.55	5.45
3.8	7.10	12.90	6.8	15.45	4.55
4.0	7.71	12.29	7.0	16.47	3.53
4.2	8.28	11.72	7.2	17.39	2.61
4.4	8.82	11.18	7.4	18.17	1.83
4.6	9.35	10.65	7.6	18.73	1.27
4.8	9.86	10.14	7.8	19.15	0.85
5.0	10.30	9.70	8.0	19.45	0.55

二、磷酸缓冲液（Na_2HPO_4-NaH_2PO_4，0.2 mol/L）

$Na_2HPO_4 \cdot 2H_2O$ 相对分子质量为 178.05，0.2 mol/L 溶液为 35.61 g/L；$Na_2HPO_4 \cdot 12H_2O$ 相对分子质量为 358.22，0.2 mol/L 溶液为 71.64 g/L；$NaH_2PO_4 \cdot H_2O$ 相对分子质量为 138.01，0.2 mol/L 溶液为 27.6 g/L；$NaH_2PO_4 \cdot 2H_2O$ 相对分子质量为 156.03，0.2 mol/L 溶液为 31.21 g/L。

pH	0.2 mol/L Na$_2$HPO$_4$(mL)	0.2 mol/L NaH$_2$PO$_4$(mL)	pH	0.2 mol/L Na$_2$HPO$_4$(mL)	0.2 mol/L NaH$_2$PO$_4$(mL)
5.8	8.0	92.0	7.0	61.0	39.0
5.9	10.0	90.0	7.1	67.0	33.0
6.0	12.3	87.7	7.2	72.0	28.0
6.1	15.0	85.0	7.3	77.0	23.0
6.2	18.5	81.5	7.4	81.0	19.0
6.3	22.5	77.5	7.5	84.0	16.0
6.4	26.5	73.5	7.6	87.0	13.0
6.5	31.5	68.5	7.7	89.5	10.5
6.6	37.5	62.5	7.8	91.5	8.5
6.7	43.5	56.5	7.9	93.0	7.0
6.8	49.0	51.0	8.0	94.7	5.3
6.9	55.0	45.0			

三、Tris-HCl 缓冲液(0.05 mol/L)

50 mL 0.1 mol/L Tris(三羟甲基氨基甲烷)溶液与 X mL 0.1 mol/L 盐酸混匀并稀释至 100 mL。

pH(25℃)	X(mL)	pH(25℃)	X(mL)
7.1	45.7	8.1	26.2
7.2	44.7	8.2	22.9
7.3	43.4	8.3	19.9
7.4	42.0	8.4	17.2
7.5	40.3	8.5	14.7
7.6	38.5	8.6	12.4
7.7	36.6	8.7	10.3
7.8	34.5	8.8	8.5
7.9	32.0	8.9	7.0
8.0	29.2		

附录3　实验报告模板

(一) 实验报告封面和目录

_____大学

《树木分子生理研究技术》实验报告

姓　　名_____　　　　班　　级_____
课　　程_____　　　　实验日期_____
题　　目_____
教师签字_____　　　　　　得　　分_____

(二) 实验报告内容

一、实验目的
二、实验原理
三、实验材料
四、操作步骤
五、结果与分析